油气集输装备智能运维方法
——三甘醇脱水装置

主　编：赵　伟
副主编：胡昌权　尹爱军　李　骞　宋　伟

石油工业出版社

内容提要

本书结合国内外首次研发的三甘醇脱水装置智能监测诊断及趋势预测系统，采用理论方法和实际应用相结合的方式，系统介绍了基于工业大数据的三甘醇脱水装置智能监测诊断及趋势预测的新方法、新技术及其应用成果，主要内容包括三甘醇脱水装置的典型故障模式、监测大数据优化治理技术、智能故障监测诊断技术、工艺参数预测技术、智能诊断与趋势预测系统研发与应用等。

本书可供国内高等院校、研究单位及工业企业从事相关技术研究和应用的工程技术人员阅读和参考，也可作为相关高校工业大数据与人工智能、智能故障诊断、天然气储运等学科专业的研究生、本科生的参考用书。

图书在版编目（CIP）数据

油气集输装备智能运维方法：三甘醇脱水装置 / 赵伟主编 . —北京：石油工业出版社，2023.4

ISBN 978-7-5183-5814-4

Ⅰ.① 油… Ⅱ.① 赵… Ⅲ.① 油气集输 – 智能控制 –自动控制系统 Ⅳ .① TE86

中国版本图书馆 CIP 数据核字（2022）第 256499 号

出版发行：石油工业出版社

（北京安定门外安华里 2 区 1 号　　100011）

网　　址：www.petropub.com

编辑部：（010）64523535　　图书营销中心：（010）64523620

经　　销：全国新华书店

印　　刷：北京中石油彩色印刷有限责任公司

2023 年 4 月第 1 版　　2023 年 4 月第 1 次印刷

787×1092 毫米　开本：1/16　印张：12

字数：260 千字

定价：80.00 元

《油气集输装备智能运维方法
——三甘醇脱水装置》

编 委 会

主　编：赵　伟

副主编：胡昌权　尹爱军　李　骞　宋　伟

成　员：熊　伟　何志强　冷一奎　甘代福　任玉清

龙伢丽　谭　建　李　博　梁　兵　刘德华

文陆军　龚　伟　张　波　张艳玲　雷　英

沈　群　吴　帅　刘志成　周文洪　王川洪

张　庆　芍俊轶　伍昶宇　任宏基　何彦霖

前　言

　　天然气三甘醇脱水装置是天然气生产、储运过程中的重要设备。脱水装置运行效果直接影响天然气输送品质，其失效停机会导致减产降效，甚至可能引发安全事故。脱水装置的运行主要采用 SCADA 系统监控操作，并采用定期维修和事后维修的方式进行设备管理和维护。近年来，中国石油西南油气田公司重庆气矿联合重庆大学等高校，通过产学研用一体化研究，在三甘醇脱水装置监测数据预处理技术、智能故障诊断技术及工艺参数趋势预测技术等方面取得了大量成果，首次研发了三甘醇脱水装置智能诊断与趋势预测系统，并进行了现场应用，取得了良好效果。

　　本书结合国内外首次研发的三甘醇脱水装置智能诊断及趋势预测系统，系统介绍了基于工业大数据的三甘醇脱水装置智能诊断及趋势预测的新方法、新技术及其应用成果。本书主要包括绪论、三甘醇脱水装置及其典型故障、三甘醇脱水装置监测数据预处理技术、三甘醇脱水装置智能诊断技术、三甘醇脱水装置工艺参数预测技术、三甘醇脱水装置智能诊断与趋势预测系统、三甘醇脱水装置智能监测技术展望 7 个章节。

　　本书由赵伟任主编，胡昌权、尹爱军、李骞、宋伟任副主编。第一章由赵伟、李博、刘德华、吴帅编写；第二章由胡昌权、冷一奎、熊伟、甘代福、文陆军编写；第三章由尹爱军、任玉清、龚伟、周文洪、刘志成编写；第四章由李骞、龙俨丽、张波、王川洪编写；第五章由宋伟、谭建、张艳玲、张庆编写；第六章由熊伟、冷一奎、雷英、苟俊轶、任宏基编写；第七章由何志强、梁兵、沈群、伍昶宇、何彦霖编写。

　　本书在编写过程中，得到有关领导和许多专家的指导、支持和帮助，在此谨向所有提供指导、支持与帮助的同志表示诚挚的谢意！

　　由于本书涉及的内容广泛，相关技术和应用仍处于发展和完善阶段，且作者水平有限，书中难免有不足之处，敬请读者批评指正。

目 录

第 1 章 绪 论

设备在服役过程中不可避免地会发生性能劣化甚至失效。对于三甘醇脱水装置等石化行业大型装备，失效停机除了造成经济损失外，还可能引发安全事故，不断提升其可靠性显得尤为重要。设备健康管理（Prognostics and Health Management，PHM）技术包括设备状态检测与监测、故障诊断、趋势预测与健康管理。随着监测技术的发展及对设备状态实时性要求的不断提高，传统 PHM 技术——"采集—诊断—预测"的信息处理方式已逐渐难以满足现阶段石化装备的可靠性管理需求。随着信息技术的蓬勃发展，工业大数据相关技术在各行各业得到了广泛应用，也为石化装备的实时可靠性管控提供了新思路、新方向。对于三甘醇脱水装置等典型装备，如何在大数据技术架构下完善数据预处理、故障诊断、趋势预测等智能信息处理技术是开展设备管理需要解决的问题。

1.1 设备健康管理技术

1.1.1 PHM 技术的含义

在天然气三甘醇脱水工艺中，三甘醇具有很强的吸水性能，当含水天然气与三甘醇溶液接触时，天然气中的水蒸气被吸收进入三甘醇溶液中。吸收了天然气中水分的三甘醇溶液浓度降低，对其进行加热再生，三甘醇浓度得到恢复，然后再循环使用。因为三甘醇的沸点大大高于水的沸点，所以当加热温度控制在高于水的沸点而低于三甘醇的沸点时，水分先被蒸发汽化，转换为气相而被排出。三甘醇脱水工艺过程中涉及多个设备，例如吸收塔、精馏柱、重沸器和缓冲罐等，每个设备在服役过程中难免出现异常和故障，此时 PHM 就显得尤为重要。设备的故障率随服役时长的变化趋势整体呈"浴盆"状，如图 1.1 中实线所示。阶段 I 为初始故障期，期间设备的故障主要由零件加工误差、安装误差等因素引起。阶段 II，正常情况下设备会长期处于这个阶段，由于零部件未达到设计使用寿命，故障率低，此时的故障主要由操作维护失误导致的部分零件承受了超过设计强度的应力引起，如润滑失效引起的严重磨损。阶段 II 的故障发生较为随机，难以预测。阶段 III 为耗损故障期，此阶段设备的故障率随时间呈明显的上升趋势，主要原因为零部件长时间使用后逐渐老化。

开展设备管理的主要目的是尽可能地使设备处于阶段 II 的状态，即拉长"浴盆"曲线的盆底，如图 1.1 中点划线。为此需要对设备的运行状态进行监测，判断设备可能发生的故障，预测未来的健康趋势，并进行针对性的维护，以上即为 PHM 技术的主要内容。

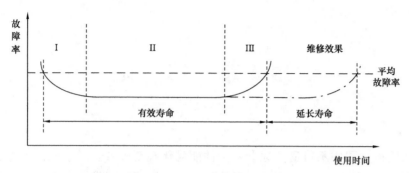

图 1.1　设备故障率随服役时间的变化趋势

在 PHM 中，设备的检测或监测指通过物理手段获取设备状态参数的过程，常用状态参数有振动幅度、温度、轴心轨迹、压力、流量、电压、电流等。设备的健康状态指设备当前性能与期望性能之间的偏差程度，一般通过对采集到的状态数据进行分析得出。故障诊断指基于采集到的数据进行当前故障判定的过程，一般通过将检测数据与典型故障状态下的参考数据对比来实现，其涉及特征提取或更为复杂的分析。趋势预测关注设备或部件未来一段时间内完成其功能的能力，它的一个重要指标是剩余使用寿命（Remaining Useful Life，RUL）。健康管理是根据故障诊断或趋势预测信息，基于可靠性分析和维修策略对设备开展针对性维护的过程，常见的维修策略有预防性维修、事故维修、临停维修和停产维修等。PHM 作业一般流程如图 1.2 所示。

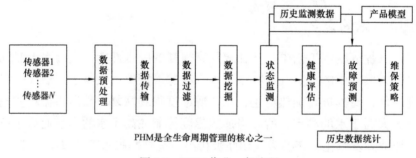

图 1.2　PHM 作业一般流程

1.1.2　PHM 技术的发展历程

PHM 技术从可靠性分析、质量分析、状态监控、以可靠性为中心的设备维修、综合诊断一路发展形成故障预测与健康管理技术体系。国外 PHM 技术研究集中于美国、英国等国家，其 PHM 研究起步早，技术基础好，技术水平世界领先。现阶段，PHM 为设备智能化水平的重要标志之一，在航空、航天、舰船、装甲车、燃气轮机、风机及大型工业装备等关键领域得到广泛应用。在不同的应用领域，PHM 呈现出不同的技术特点和研究方向。

在军用领域，美军 F35 战机是 PHM 典型工程化应用场景。美英等国开发 F35 战机项目时，综合考虑安全性和经济性提出了故障预测与健康管理的要求，构建了从关键零件、部件、模块到系统级状态监测体系，开发了智能故障诊断和故障预测软件，实现了故障的快速隔离、故障隐患和剩余寿命的预测。针对直升机，美英等国多家公司面向直升机动力传动系统提出了健康与使用监控系统（Health and Usage Monitoring System, HUMS）。HUMS 实现了飞行参数记录、传动系统的状态监控、早期故障诊断及报警等功能。经过几十年的不断发展，HUMS 已广泛应用于各类直升机应用领域。美国国家航空航天局（NASA）开发的集成运载健康管理系统（Integrated vehicle health management, IVHM）是 PHM 技术在航天器中的具体应用。IVHM 对航天飞行器进行状态监测和分析、故障诊断和预测，减少航天飞行器运行过程的各类意外风险，用系统工程方法，解决航天飞行器故障分析问题，提高故障诊断准确度。PHM 技术在舰船的工程应用为集成状态感知系统（Integrated Condition Assessment System, ICAS）。ICAS 提高了舰船的可靠性、抗毁性，增强了战备完好性，降低了全寿期周期成本。在装甲车辆方面，载具健康管理系统（Vehicle Health Management Systems, VHMS）是提高车辆战斗力和效费比、降低全寿命周期费用的重要手段。

PHM 技术在民用领域也大放异彩。早期民航客机只有机内测试，依靠各系统和设备自身的电路和程序完成故障诊断与隔离。到 20 世纪 90 年代，波音 777 飞机上首次使用了机载维护系统，将飞机上系统的故障信息集中采集与处理，以实现故障的检测、定位、隔离。进入 21 世纪，随着航空公司对飞机的安全性、维护性和经济性要求的不断提高，飞机的健康管理成为研究热点。基于成熟的 PHM 体系架构，国外对于机体结构、动力系统和机电系统的 PHM 研究取得了显著进展，技术日趋成熟并逐步走向工程应用，涌现出一系列应用型系统和产品。从早期的航空器、航天器、舰船、装甲车辆等军用装备逐步推广到民用车辆、轨道交通、发电、电力变送、桥梁、隧道、游乐设施等工业和民用基础设施。

我国在 PHM 领域的研究起步较晚。军用飞机、民航客机、通用航空器及航天器的 PHM 迫切需求有力地促进了我国 PHM 技术的发展。但整体上我国 PHM 技术还处于跟踪研究阶段，研究对象主要集中于航空与航天领域。目前我国大型装备和基础设施普遍采用了实时状态监测技术，解决了故障诊断与故障预测的数据源头问题，基于状态监测数据的故障诊断技术开始发挥作用，而故障预测技术主要集中于轴承、齿轮、液压泵、发动机叶片等关键部件，取得了一些研究成果，并在燃气轮机、风机等装备上得到了局部验证。对于大型装备和复杂系统，系统性故障预测技术尚未达到实用阶段。

1.1.3　PHM 技术在石化行业中的应用

石化行业的设备多数具有规模大、连续性强、工艺复杂、运行条件苛刻等特点，现有的石化装备 PHM 相关研究整体具有以下特点：

（1）重单体设备的诊断，轻关联过程的分析。现有多数石化行业 PHM 研究的对象为单一的设备，如压力容器、管道和阀等，上述研究仅关注单一装置及其检测/监测参数，忽略了石化行业装备的连续性和强关联性，难以实现石化装备状态的整体感知。

（2）重方法研究，轻系统集成。多数石化设备PHM研究的重点在于特征提取或状态建模，如各种基于物理模型或数据驱动的状态评估方法，整体研究流程为"离线检测—数据建模—有效性验证"，上述过程基本不具有实用性，缺少在实际石化装备上的实际应用验证。

（3）重采集，轻分析。随着物联网技术的发展，多数石化行业上线了数据采集与监视控制（Supervisory Control And Data Acquisition，SCADA）系统对站场设备进行监测与管理，多数监控系统仅仅做到了数据的采集和可视化，未能充分挖掘其中蕴含的设备状态信息，实际上造成了信息的浪费。

1.2 工业大数据技术发展现状

1.2.1 工业大数据的定义与特点

中华人民共和国工业和信息化部在《工业和信息化部关于工业大数据发展的指导意见》（工信部信发〔2020〕67号）中指出：工业大数据是工业领域产品和服务全生命周期数据的总称，包括工业企业在研发设计、生产制造、经营管理、运维服务等环节中生成和使用的数据，以及工业互联网平台中的数据等。由此可见，工业大数据技术现已渗透到人们日常生活中的方方面面。

设备管理领域的工业大数据主要是指设备运行过程中由各种传感器采集到的设备状态数据及生产运行数据，这些数据源于设备，贯穿于设备的整个生命周期的生产、管理等环节。工业大数据蕴含了丰富的设备状态信息以及生产信息，可以用于设备的诊断和生产的决策。随着传感技术和信息技术的飞速发展，设备信息的采集和传输成本大大降低，为了满足不断提升的设备可靠性需求，全面监测已成为重要的手段。

整体而言，工业大数据具有"5V"的特点：

（1）容量大（Volume）。

容量大是工业大数据一个最为直观的特点。常规的故障诊断通常基于一次或多次的状态采样，数据量有限，工业大数据则通常进行全天候、高频次的状态采集，考虑到传感器数量和采样率，大型机电设备一年产生的监测数据可达PB级。随着数据量的增大对应的分析方法也需同步完善。传统离线式的数据分析手段显然难以应对如此大量的监测数据，针对大数据的分析方法整体呈自动化、高效率、动态化的发展趋势。

（2）多样化（Variety）。

工业大数据的多样化指数据来源方式和结构特点多样，即"多源异构"。传统的故障诊断方法基于完备的故障机理分析，采集的数据具有针对性，如基于振动监测的旋转机械故障诊断，后续的数据分析方法也具有针对性，如频谱分析。工业大数据则侧重于对设备进行多角度、全方位的监测，涵盖设备的各个物理过程，以石化行业设备为例，监测参数涵盖温度、压力、流量、振动、阀门开度、液位、图像、视频等，不同参数的数据模式显著不同。

（3）速度快（Velocity）。

传统故障诊断方法针对单个设备进行检测，针对检测数据进行离线分析，得出设备状态信息并给出运维建议，这种故障诊断方式难以满足复杂设备的可靠性要求。工业大数据追求全面而实时的状态检测，多传感器、全过程、高频次决定了工业大数据速度快的特点。考虑到设备可靠性的实时性需求，基于工业大数据的分析方法需要实时完成高速数据的处理与状态感知，而非传统离线分析式的事后故障诊断。

（4）价值密度低（Value）。

传统故障诊断方法进行数据收集时具有针对性，基于故障产生的机理进行数据处理及设备状态的评估，数据的价值密度高。这种分析方法的缺陷在于受人为因素影响大，难以满足现阶段高自动化和实时分析需求。工业大数据全面数据收集的特点导致数据整体价值密度低，海量监测数据中具有大量无关信息。与大量低价值密度信息对应的是大数据分析方法，即通过机器学习（Machine Learning，ML）和深度学习（Deep Learning，DL）等方法进行状态信息的实时挖掘。

（5）真实性（Veracity）。

工业大数据的真实性包括数据真实性和可用性。数据真实性表示检测过程须是对真实过程的有效采样，考虑到工业现场环境恶劣、工况复杂，不可避免地会出现异常数据。异常数据不是设备状态的真实反映，因此在进行建模分析前需进行清洗以提高数据质量。数据的可用性要求数据需要有对应的状态描述（即标签），标签是进行监督学习的重要依据，与无监督学习相比，有监督或半监督学习能够进行更为高效、准确的状态建模。

工业大数据的来源、特点和应用如图 1.3 所示。

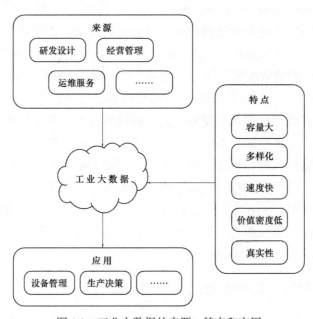

图 1.3　工业大数据的来源、特点和应用

1.2.2 工业大数据技术框架

工业大数据技术按层次可以简要地分为工业大数据平台技术和工业大数据分析技术，如图 1.4 所示。

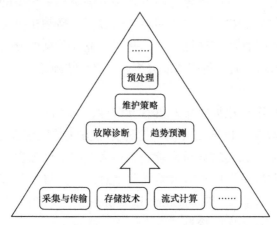

图 1.4　工业大数据技术框架

对于设备的 PHM 工作而言，工业大数据平台技术主要涉及设备运维管理平台的搭建，包括采集与传输技术、存储技术、流式计算技术等。数据的采集与传输技术主要用于工业现场数据的收集以及高速传输，保证设备运维管理平台数据源的稳定供给，包括硬件技术及网络传输协议。设备状态评估模型的优化需要大量数据，存储技术主要用于高效地管理海量历史数据以满足后续分析方法的需求。设备产生的大量监测数据需要实时分析以保证可靠运行，流式计算技术用于解决高速数据的实时计算问题。主流的大数据处理平台有 Hadoop、Spark 和 Storm 等。

工业大数据分析技术泛指对监测数据进行分析处理以获得设备运行状态以及后续维护策略的技术，包括预处理技术、故障诊断技术、趋势预测技术、维护策略优化技术等。预处理技术为对原始监测数据进行筛选、替换、特征融合等操作以提高数据质量的过程，预处理是大数据处理的关键一环，通过此步骤可以剔除无用信息、大大降低数据处理量，为后续状态信息的高效挖掘提供数据基础。故障诊断技术是基于预处理后的数据进行异常识别及故障诊断，传统故障诊断技术基于故障机理进行，极大地依赖人的经验，大数据技术下的故障诊断过程则强调建立状态模型，通过大量数据来训练模型以让机器学习到设备的故障模式。趋势预测技术是基于当前数据确定未来走势，确定未来某段时间内的失效概率及设备的剩余使用寿命（RUL）；同样地，与传统基于退化模型的趋势预测相比，大数据背景下的趋势预测技术强化了数据在趋势建模中的作用，即基于数据驱动的趋势预测或基于数模融合的趋势预测。

1.2.3 基于大数据技术的设备智能诊断流程

结合大数据特点以及设备 PHM 的作业过程，设备智能诊断流程如图 1.5 所示。

工业大数据平台下的设备智能诊断过程主要包括状态数据的采集、预处理、故障诊断、趋势预测、设备的针对性维护以及状态模型的改进。

数据预处理用于提高数据质量，主要包括异常值处理、缺失值处理、数据降噪、参数聚类等方法。石化设备的监测数据中存在大量停机状态下的数据，剔除此部分数据有助于提高状态信息挖掘时的针对性。同时，监测数据受复杂工况、传感器可靠性的影响，易产生数据缺失或数据异常，进行针对性的数据填充和异常值处理可以有效地提高数据质量。工业现场存在大量噪声，降噪方法的引入可以减小状态信息提取的难度。考虑到大部分监测参数与设备状态无关，通过参数聚类等方法筛选敏感特征可以排除无关参数，极大地减小数据量，继而提高状态评估的实时性。

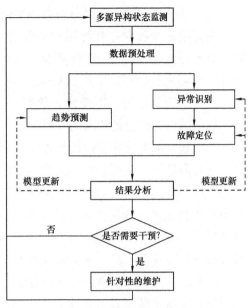

图1.5　基于大数据技术的设备智能诊断流程图

故障诊断与趋势预测技术是大数据设备智能诊断的核心。基于大数据的异常识别与故障诊断强调通过数据本身学习设备状态特征。常规故障诊断技术的基础是故障机理分析，具有强因果性，开展分析时仅关注敏感参数；基于数据驱动的故障诊断则重视关联性，强调通过全面的观测和状态标签来挖掘各观测间，以及观测与状态间的关联性，继而训练一个分类模型，如基于空间距离的分类、基于概率的分类等。故障诊断与趋势预测模型并非一成不变，它们可以基于数据进行不断优化。大数据驱动下的设备智能诊断中，人的作用由传统的基于故障机理进行状态分析转变为保证模型有持续不断的有效数据输入，极大地提高了自动化程度与状态评估的实时性。

1.3　三甘醇脱水装置监测现状

三甘醇脱水工艺是利用三甘醇作为吸收剂与天然气充分接触，利用三甘醇对水有极强亲和力的特性脱去天然气中的水分，是天然气脱水工业中应用最普遍的方法之一。该工艺是天然气储运过程中的重要一环，直接影响天然气的质量。三甘醇脱水装置失效停机除了会导致减产，还可能引发生产事故。考虑到其高压和敏感介质的特性，不断完善设备诊断技术以提高其可靠性具有重要意义。

三甘醇脱水装置的PHM主要包括故障诊断、监测参数预测以及工艺指标的预测。工业大数据技术为设备的PHM提供了新方向，三甘醇脱水装置的运维技术也从传统方法逐渐转向数据驱动。三甘醇脱水装置设备繁多、工艺复杂、监测参数多，在开展基于工业大数据的设备运维管理时面临以下问题：

（1）缺少统一的大数据分析处理平台，生产工艺大数据缺乏有效运用。

现阶段缺少针对三甘醇脱水装置的大数据设备运维平台，特别是对工艺生产大数据缺乏有效的运用和利用。石化企业通常基于 SCADA 系统进行设备数据的收集，但相关数据并未得到充分运用。上述数据采集平台作用仅仅是数据的收集及可视化，或基于阈值进行运行参数的报警，不涉及大数据存储技术、流式计算技术以及后续的大数据分析技术，也就难以进行设备状态的实时评估。

（2）缺少标准化的数据预处理技术。

三甘醇脱水装置的监测参数多达 30 余个。多数监测参数与状态信息无关，与状态信息相关的参数也可能存在无效监测片段。现有基于数据驱动的三甘醇脱水装置故障诊断或参数预测技术，通常由人工选择的单个或多个参数，然后基于人工截取其中的数据段创建模型。这种人工筛选的预处理方式难以应用于自动化的信息处理过程，因此需要研究针对三甘醇脱水装置的标准化数据预处理技术。

（3）工艺复杂，监测诊断分析方法不完善。

三甘醇脱水装置设备繁多，工艺复杂，故障多样，现有故障诊断方法多是针对单个或多个故障进行研究，未能涵盖设备常见故障。分析手段方面，现有故障诊断方法多是基于传统的故障诊断理念，采用离线式的"采集—建模—评估"过程，而非大数据技术框架下的在线状态评估流程。此外，基于数据驱动或数学模型融合三甘醇脱水装置故障诊断和参数预测方法也不完善。

针对以上问题，本书从分析技术和平台技术两个方面入手，研究三甘醇脱水装置监测数据预处理技术、智能故障诊断技术及工艺参数趋势预测技术，开发三甘醇脱水装置智能诊断与趋势预测系统，并进行案例分析。本书研究内容旨在提高三甘醇脱水装置的可靠性，也可以用于指导其他石化装置智能诊断与趋势预测系统的开发。

第2章 三甘醇脱水装置及其典型故障

天然气脱水的实质就是使天然气从水饱和状态变为非饱和状态。传统的天然气脱水方法有多种，按照其原理可以分为低温分离法、溶剂吸收法、固体吸附法和化学反应法等，其中化学反应法的工业应用极少。随着科学技术的不断发展和提高，出现了新的更具工业竞争力的脱水技术，如膜分离法脱水和超音速脱水技术，但由于新技术存在一些技术问题，目前并未得到广泛应用。三甘醇脱水技术是属于吸收法的一种，具有低成本、易再生、露点降高、可连续运行等特点，应用普遍。三甘醇脱水工艺包含多个设备，主要分为脱水系统、三甘醇循环系统和辅助系统，在脱水过程中，常见的问题分为两类，分别为工艺问题与设备问题。

2.1 天然气脱水方法

2.1.1 低温分离法脱水

低温分离法是依据焦耳 - 汤姆孙效应，即天然气中气态水含量随温度降低而降低、随压力升高而减小的特点，将被水汽饱和的天然气冷却降温或先增压再降温，析出天然气中部分气态水及烃类，从而实现脱水。这种方法多用于高压气田，将高压气体经过节流膨胀设施降低到一定压力，节流后的温度一般会比水合物形成温度低，为防止在脱水过程中形成水合物，工程上通常在节流前注入水合物抑制剂，使水合物形成温度在操作温度之下。低温分离法常用工艺有 J–T 阀节流制冷工艺、膨胀制冷工艺、丙烷辅助外冷工艺，其中 J–T 阀节流制冷工艺和膨胀制冷工艺需要一定的压差，丙烷辅助外冷工艺适用于气田改造或无压差可利用的场合，具体工艺流程如图 2.1 所示。

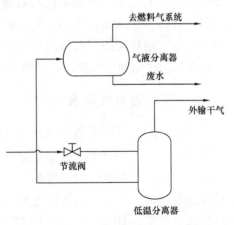

图 2.1 低温分离法脱水工艺流程简图

目前，低温分离法应用相对较为广泛，例如，位于新疆维吾尔自治区阿克苏地区的克拉 2 气田属于异常高压特高产气田，原料气中含有部分凝析油，故此处采用 J–T 阀节流制冷工艺，同时实现脱水脱烃的双功能。中国石油华北油田某油田伴生气由于进站压力较低，则利用气波制冷机，通过二级注甲醇，脱水脱烃后的伴生气经过压缩机充装到储气瓶中。中国石油长庆油田榆林天然气处理厂则采用丙烷制冷，将外输气水露点控制在 –16～–10℃之间，并取得了良好的效果。

低温分离法优点是设备简单、投资低；但当天然气压力不足时，使用低温分离法脱水达不到管输要求，此时需要给天然气增压或者增加一套制冷设备，这不但增加了设备投资、运行和维护等费用，而且使得工艺流程更加复杂。对于高含硫天然气，由于存在环保、安全问题，一般不考虑用低温分离法脱水。

2.1.2 溶剂吸收法脱水

溶剂吸收法是利用天然气中烃类和水在吸收溶剂中溶解度不同，即水在吸收溶剂中溶解度远大于烃类，使天然气中的部分气态水被溶剂吸收，烃类不被吸收，从而实现脱水。由于醇类化合物对水的溶解度高，因此常常作为天然气脱水的溶剂。最先用于天然气脱水吸收剂的是二甘醇（DEG），但后来发现三甘醇（TEG）的热稳定性更好，且易于再生，蒸汽压低，携带损失量更小，在相同质量浓度的甘醇条件下，三甘醇能获得更大的露点降。基于上述优点，三甘醇脱水成为最主要的脱水方法。在美国，采用三甘醇吸收法脱水的占溶剂吸收法的 85%，海上天然气平台则更高，达到 95%。长庆油田采气一厂成功地试验了第一台 $30 \times 10^4 \mathrm{m}^3/\mathrm{d}$ 的三甘醇脱水装置。中国石油大庆油田庆深气田徐深 1 井集气站均采用三甘醇脱水，并取得良好效果。

常见的三甘醇脱水系统主要包括分离器、吸收塔和三甘醇再生系统，应用了吸收、分离、气液接触、传质、传热及汽提等工艺原理，露点降可以达到 33～47℃。

现在三甘醇脱水工艺已非常成熟，是国内气田应用较多的方法。同时三甘醇价格较高，应尽可能降低其损失量。工业上一般采取合理选择操作参数、改善分离效果、保持溶液清洁、安装除沫网和加注消泡剂等措施有效降低三甘醇的损失量。但是，三甘醇脱水仍然存在一些问题，例如，脱水装置占地面积大，再生能耗高；系统复杂，维护费用高；会有一定程度的发泡倾向等。而且当天然气中含有凝析油时，不能像低温分离脱水一样能够同时达到脱水脱烃的目的，后续需增加一套烃水分离装置。

2.1.3 固体吸附法脱水

固体吸附法根据机理不同分为物理吸附和化学吸附两类。物理吸附指固体表面上原子价已饱和，表面分子和吸附物之间的作用力是分子之间引力（即范德华力）；而化学吸附则指固体表面原子价未饱和，与吸附物之间有电子转移，并形成化学键。物理吸附过程是可逆的，可通过改变温度和压力使吸附剂得到重复利用，而化学吸附的吸附剂一般不重复利用。固体吸附法脱水过程一般采用物理吸附的方法，吸附剂可再生重复利用，具体工艺流程如图 2.2 所示。

固体吸附剂应满足吸附容量大、选择性强、机械强度高等要求。目前，常用吸附剂有活性氧化铝、硅胶和分子筛等。吸附脱水系统一般包括两个及两个以上的吸附塔和一套加热生气系统。天然气从上部进入吸附塔，经过吸附塔中吸附剂时，其中部分水及少量烃类被吸附剂吸附，直至吸附剂床层不能吸附多余的水。因此在此之前就要切换吸附塔，使湿净化气进入另一吸附塔进行吸附，已完成脱水操作的吸附塔则进入再生阶段进行再生，以此达到连续操作的目的。凉风站采用固体吸附法脱水，设计两塔装置，装置处理量为 $50 \times 10^4 m^3/d$，脱水后干气露点为 $-10℃$，总体运行状况良好。土库曼斯坦某项目天然气处理厂采用四塔分子筛脱水装置处理含硫天然气，在脱水的同时也能够脱去部分硫化氢。固体吸附法脱水具有对原料适应性强、占地面积小等优点，其存在问题为一次性投资费用高，再生能耗大。

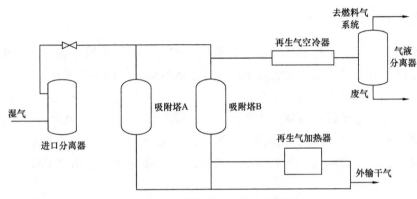

图 2.2　固体吸附法工艺流程简图

2.1.4　膜分离法脱水

膜分离法脱水基本原理是利用各组分在膜中选择渗透性实现天然气中组分分离。具体表现为天然气中部分水分子及极少量烃类等组分不能够透过某些特殊的膜材料（如醋酸纤维膜），其他组分优先透过半透膜，从而达到脱水的目的。膜分离法一般是脱除天然气中的气态水，一方面由于其含量很少，因此水蒸气分压较低，膜两侧水蒸气推动力也较低；另一方面，水蒸气会在渗透侧冷凝，这样也会影响脱水效果。一般做法是在渗透侧采用干燥气吹扫或者抽真空，膜分离法脱水工艺流程如图 2.3 所示。

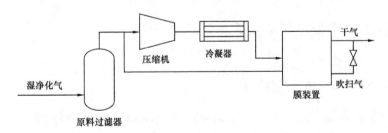

图 2.3　膜分离法脱水工艺流程简图

膜分离法是近三十几年来才发展起来的，其中以美国和挪威等国家为代表。Metz 和 Cavndeven 等研究了原料气压力和温度对聚合物膜脱水效果的影响。Yoshimune 等研究了不同孔径、不同材料的碳中空纤维膜对脱水效果的影响。美国人 Ben Bikson 等在 2003 年成功地研制了适用于工业化的天然气脱水中空纤维膜。国内在 20 世纪 90 年代开始研究天然气膜分离脱水技术，中国科学院大连化学物理所在 1994 年研制出中一套空纤维膜脱水装置，并在长庆气田进行了工业性现场试验并取得好效果。

膜分离法作为一种新型脱水方法具有广阔的上升空间，具有极大的开发应用价值，但由于其在工业上存在某些局限性未被广泛采用。例如，膜分离法主要有处理量小、烃损失率较高、膜的塑化和溶胀性、浓差极化等问题。因此，应加强基础研究，研发高性能分离膜材料，同时将膜分离技术和其他技术相结合，开拓膜分离技术的应用空间。

2.1.5 超音速脱水

超音速脱水基本原理是利用核心设备特殊结构使天然气旋转并加速至超音速，此时气体的温度和压力会骤降，使天然气中部分气态水冷凝，从而实现脱水。其具体表现为：原料气在膨胀段通过特定结构产生旋流气体，之后进入拉瓦尔管中，由于管道截面积急剧下降，原料气流速和离心力会突然增大，然后进入旋流分离段，此处设有锥形增速段，原料气流速和离心力进一步增加，由于此时温度非常低，会产生尺寸非常小的液滴，之后通过分离叶片，将液滴甩向管道壁面，液体通过气液分离器分离，干气通过扩压器使压力恢复正常。

超音速脱水技术由 Shell 公司于 1997 年开始进行研究，并成功研制出一套名为 Twister 的分离装置。Translang 公司于 2004 年 9 月在西伯利亚成功投运处理量达 $4 \times 10^8 \text{m}^3/\text{d}$ 的超音速分离装置。国内对该技术研究在近些年才开展起来，蒋文明等自主研发出超音速分离管，并进行了处理量为 $2.25 \times 10^4 \text{m}^3/\text{d}$ 的中试试验。2011 年，在中国石油牙哈作业区安装处理量为 $360 \times 10^4 \text{m}^3/\text{d}$ 的超音速分离脱水装置。

超音速脱水是近年来出现的一种新型的天然气脱水处理技术，由于将膨胀机、分离器和压缩机的功能集中到一个管道中，具有体积小、运行费用低、节能环保、安全可靠和经济效益高等优点，但该技术目前在国内外仍处在小规模试验或初步现场应用阶段，还存在如何尽可能减少压降，怎样更好适应原料气气质状况等问题。

2.2 三甘醇脱水装置与工艺

2.2.1 三甘醇脱水再生工艺流程

三甘醇化学名称是三乙二醇醚，结构简式为 $C_6H_{14}O_4$，分子量为 150.17，是一种无色有吸湿性的黏稠液体。三甘醇中的甘醇分子结构含有羟基和醚键，可以和水分子中的氢原子结合，形成氢键。三甘醇溶液脱水有吸湿能力强、高温下可再生、热稳定、操作费用低等优点，被广泛用于天然气脱水工艺中。此外，三甘醇还用作萃取剂、增塑剂、添加剂、消毒剂等。三甘醇脱水装置脱水的工艺原理为：通过三甘醇对水吸附能力强的物理特性，除去含水天然气中的水分，并通过高温蒸馏除去含水三甘醇中的水分，得到质量分数大于 97% 的贫三甘醇溶液，实现三甘醇的再生，以此循环往复，实现天然气脱水生产过程。

针对以过滤分离器、吸收塔、闪蒸罐、缓冲罐、重沸器、精馏柱和换热器等设备组成的脱水装置的工艺流程主要分为三部分：原料气脱水系统、三甘醇再生系统和辅助系统，如图 2.4 所示。

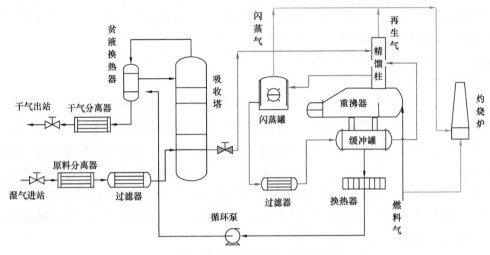

图 2.4　三甘醇脱水装置工艺流程图

（1）原料气脱水系统。

从上游管线流入的天然气原料气经由原料气分离器过滤出固体杂质，并经由原料气过滤分离器分离出原料分离器中的饱和水。然后经由吸收塔，原料气从吸收塔流入，三甘醇贫液从吸收塔上部流进，二者逆流接触进水原料气的脱水过程，脱水后的天然气从吸收塔上部经贫液换热器换热后，经干气分离器过滤掉天然气中携带的少量三甘醇，天然气出站外输；三甘醇富液从吸收塔底部流出，进入三甘醇再生系统，实现三甘醇的再利用。

（2）三甘醇再生系统。

从吸收塔底部流出的三甘醇富液经精馏柱环形管道预热后从闪蒸罐上部流入闪蒸罐。在闪蒸罐的低压条件下，闪蒸出三甘醇溶液中的烃类物质，然后从闪蒸罐底部流出，经由机械过滤器和活性炭过滤器过滤出三甘醇溶液中的重烃和三甘醇降解物等杂质，然后依次与板式换热器和缓冲罐进行热量交换，最后三甘醇富液进入精馏柱和重沸器组成的再生塔再生为三甘醇贫液。提纯后的三甘醇贫液进入缓冲罐储存换热，然后通过板式换热器并通过甘醇泵增压进入贫液换热器后将三甘醇温度降为吸收塔中脱水适宜的温度，最终再次进入吸收塔，实现三甘醇的循环利用。一般地，要达到输气管道所要求的天然气水露点要求，三甘醇贫液浓度需要达到 97% 以上，富甘醇浓度在 94% 以上，贫富甘醇浓度差在 2% 以上。

（3）仪表风系统。

仪表风系统包括空压机、储罐和去气动控制的分配管路。

2.2.2　三甘醇脱水装置主要设备

（1）原料气分离器。

原料气分离器是三甘醇脱水装置原料气预处理设备。从井场接收的原料天然气经处理和过滤之后送往三甘醇脱水装置的原料气分离器，以除去其中的游离水、液烃、沙子等液滴和固体杂质。其工作原理为饱和气体在降温或者加压过程中，一部分可凝气体组分会形成小液滴随气体一起流动，分离器处理含有少量凝液的气体，实现凝液回收或者气相净化。其结构一般就是一个压力容器，内部有相关进气构件、液滴捕集构件。一般气体走上部出口，液相由下部收集。

（2）吸收塔。

吸收塔主要有两种：板式塔和填料塔，其中板式塔应用最为广泛。其作用为提供气液传质的场所，使气相中的水分被三甘醇吸收。最常见的吸收塔有一个圆柱形壳体，塔盘由按一定间距水平设置的若干块塔板组成，主要有泡罩塔板和浮阀塔板两种。吸收塔分为4段，分别为：分离段，位于吸收塔底部，用于分离天然气中的液态水；脱水段，位于塔中部，是天然气中饱和含水量与三甘醇进行气质交换的场所；沉降段，位于脱水段上方，用于沉降天然气中携带的较大液滴；捕雾段，位于吸收塔顶，用于捕捉天然气中携带的微小液滴。

（3）换热器。

换热器是使脱水装置在不同温度的两种或两种以上流体间实现物料之间热量传递的节能设备。换热器使热量由温度较高的流体传递给温度较低的流体，使流体温度达到流程规定的指标，以满足脱水工艺条件的需要。贫液/富液换热器的主要作用为控制进入闪蒸分离器和过滤器的富三甘醇溶液的温度、回收利用贫三甘醇溶液热量和减小重沸器热负荷。

（4）闪蒸罐。

闪蒸罐是提供一个使溶解在三甘醇富液中 CH_4、H_2S、轻烃等组分迅速汽化和实现汽液分离的场所。原理为高压高温流体经过减压，沸点降低，进入闪蒸罐，流体温度高于 CH_4、H_2S、轻烃等在该压力下的沸点，CH_4 和轻烃等流体迅速气化，从而达到与三甘醇的分离。闪蒸罐的容积的增大，使得富甘醇在闪蒸罐内停留 20～40min，得到充分的闪蒸。

（5）缓冲罐。

缓冲罐主要由富液/贫液换热盘管组成。该设备通常都装有一个甘醇热交换盘管，让从重沸器流下来的贫甘醇冷却和给到精馏柱去的富甘醇预热。通过罐体表面的热辐射，贫甘醇略微降低温度。因此，缓冲罐一般不采取保温措施，另外也可采用水冷却的办法来帮助控制贫甘醇的温度。

（6）再生釜。

再生釜为三甘醇脱水系统中的再生系统的一部分。再生釜是天然气脱水装置中不可缺少的传热设备，用于提供加热富三甘醇所需的热量，使三甘醇与水结合的氢键断裂从而脱出水分子。富三甘醇中氢键断裂温度为180℃，三甘醇发生裂解变质的温度为

206.7℃，由于传感器的系统误差等因素，再生釜的再生温度控制阀的设定值在这范围之内，通常为190～198℃。精馏柱是对进入再生釜的富三甘醇进行预热、回流再生尾气中携带的液态甘醇的场所，内部通常为填料塔，内部填料采用陶瓷或不锈钢，也可以直接使用塔板。为向精馏柱提供回流液，控制顶部温度，同时减少三甘醇消耗量，需要将塔顶的水蒸气进行部分冷凝，因此会在精馏柱顶部设置冷却盘管，其工作原理是利用甘醇沸点通过分馏将甘醇与水分离。

（7）过滤器。

为了避免对泵、换热器的正常运行产生影响以及减少对溶剂和填料的污染，需要使用过滤器分离出三甘醇中过大的固体颗粒以保证溶液的质量。目前，常用的过滤器有两种：机械过滤器、活性炭过滤器。其中机械过滤器能除去分离器不能除尽的原料气携带的固相杂质和设备腐蚀产物；活性炭过滤器能滤去甘醇中的烃、气井处理化学剂、压缩机油和其他杂质。

2.2.3　工艺常见问题

（1）三甘醇损耗异常。

三甘醇损耗异常指由于冲塔以及泄漏等原因，导致三甘醇溶液体积损失的现象。三甘醇损耗异常的影响因素如下：

① 因塔盘或泡罩密封不严，导致吸收塔难以形成液封，三甘醇天然气气流携带至出口管道中。

② 精馏柱和闪蒸罐三甘醇冲塔，当富含水分的三甘醇富液进入闪蒸罐时，闪蒸罐内产生的高温气体，将三甘醇带入灼烧炉中，导致三甘醇损耗；同时，当再生塔中温度和其液位过高时，将使水蒸气带出三甘醇至灼烧炉中。

③ 三甘醇泄漏，精馏柱盘管腐蚀穿孔和缓冲罐腐蚀穿孔等异常造成三甘醇损失。

④ 操作不当使甘醇损耗异常，装置启动时，因液封未形成，导致三甘醇被天然气气流带入出口管道中；因处理量过高，气流速度过快，三甘醇被天然气气流带入下游管线中，造成损耗。

⑤ 因塔盘或填料堵塞导致吸收塔压差过大，三甘醇液体密封被破坏，天然气气流将三甘醇带入下游管线中。

（2）干气水露点不合格。

天然气水露点指天然气在水汽含量和气压都不改变的条件下，冷却到饱和时的温度。当水露点温度不满足比最低环境温度低5℃的要求时，干气水露点不合格。干气水露点不合格的影响因素如下：

① 天然气处理量与三甘醇循环量设定不合适，因两者比例失调，导致三甘醇未能有效充分地脱去原料气中的水分。

② 三甘醇贫液浓度超低或温度较高，导致吸收水分的能力下降。

③ 吸收塔塔盘渗漏，使脱水性能降低。

④ 进气温度超高，天然气进气温度过高使天然气脱水效果变差。

⑤ 游离水进入吸收塔，游离水降低了三甘醇的浓度，使三甘醇吸收水分的能力下降，同时增加了天然气中的含水量。

（3）三甘醇品质下降。

三甘醇品质下降指，因三甘醇分解，发泡变质等原因，导致三甘醇溶液中三甘醇质量分数减少的现象。三甘醇品质下降的影响因素如下：

① 三甘醇高温分解，当再生塔温度过高时，使得三甘醇发生热降解，三甘醇发生脱水缩合反应，生成乙二醇、二甘醇和甘醇同系物等有机杂质，导致三甘醇发泡。

② 三甘醇发泡，三甘醇富液中的液态烃和其他杂质因未被完全除去，烃类杂质和三甘醇混合造成化学污染，导致三甘醇变质，同时液态烃也会引起三甘醇发泡变质。

③ 甘醇 pH 值控制不好，原料气中的酸性气体溶入三甘醇中，改变了三甘醇的 pH 值，使得三甘醇发生酯化反应，导致三甘醇变质。

（4）贫三甘醇浓度不达标。

贫三甘醇浓度不达标指，进吸收塔的贫三甘醇溶液最低浓度（质量分数）达不到指定标准。贫三甘醇浓度不达标的影响因素如下：

① 燃料气压力不足造成燃料气不完全燃烧，导致重沸器温度较低，部分水保留在三甘醇中，导致贫三甘醇浓度降低。

② 缓冲罐换热盘管穿孔，三甘醇泄漏，会导致富液三甘醇稀释贫三甘醇，导致贫三甘醇浓度降低。

③ 重沸器压力过高，会使得一部分水分无法蒸发出去，进而回流到重沸器底部，导致浓度降低。

④ 精馏柱顶部温度过低时，水蒸气不易排出精馏柱，冷却后进入三甘醇中，稀释贫三甘醇，导致贫三甘醇浓度降低。

⑤ 重沸器局部结垢，局部温度过高，三甘醇在高温下裂解，有效三甘醇量减少，含水量增加，导致贫三甘醇浓度降低。

（5）尾气燃烧不全。

脱水装置的尾气中含三甘醇再生过程中产生的闪蒸气和再生气中夹带着 H_2S、起泡剂、消泡剂和机油等物质。未燃烧掉的天然气中的有害物质，将从灼烧炉烟囱到达外环境后冷凝，飘散在周边空气中，最后降落到地面，对周边环境造成影响。

2.2.4　设备常见问题

（1）堵塞异常。

作为天然气中最为普遍的一类异常，堵塞出现在诸多子设备中。天然气来气中常包含有各种杂质，主要有无机盐，还有化排剂、重烃和有机物等其余产物。这些杂质或直接堵塞分离器、吸收塔；或随着天然气进入脱水装置，在温度等因素作用下，沉积于天然气脱水装置某一部位，日积月累下，将堵塞各类设备；甚至导致重沸器等加热装置局部高温，导致三甘醇热降解，热降解物质可能进一步加剧堵塞等。各设备堵塞的位置以及相关过程有以下 4 个方面：

① 气液分离器堵塞。进入气液分离器的天然气混有化排剂、泡沫等污物，在气液分离器排污阀处堆积，直到排污阀堵塞，无法排出污水，使得过滤分离器液位和过滤分离器差压上升，影响分离效果，进而造成天然气供给不足，影响吸收塔的出塔干天然气量。吸收塔液位变化较小，在吸收塔的自我调节下恢复正常。

② 循环泵 / 管路堵塞。在降温过程中，贫液三甘醇会在循环管路、循环泵等位置逐渐析出盐结晶。长时间累积之后，盐结晶逐渐长大，造成堵塞，使得三甘醇循环量下降。

③ 吸收塔底部塔盘变脏堵塞。原天然气中未过滤干净的杂质进入吸收塔中，在吸收塔底部气液分离腔中沉积，造成吸收塔底部塔盘堵塞，导致吸收塔相关液位参数上升、吸收塔差压增大。天然气所携带的消泡剂、三甘醇液滴等物质，经顶部捕雾网过滤掉，逐渐地造成顶部捕雾网堵塞，导致吸收塔差压增大。

④ 闪蒸罐下游过滤器堵塞。活性炭等过滤器将闪蒸后的富三甘醇溶液中残留的重烃、化学剂和三甘醇降解物质等过滤掉。逐渐累积下，使得该类过滤器堵塞。直接造成闪蒸罐的液位上升，甚至超过允许阈值。同时也减少了进入重沸器的三甘醇量，使精馏柱顶部温度上升。

综上可知，堵塞问题几乎存在于整个脱水装置系统中。主要是天然气本身气体质量较差，所携带的固体杂质等加大了原料气气液分离器或过滤分离器的负担，降低其过滤效果，当排污阀堵塞时，原料分离器液位、过滤分离器差压逐渐上升。同时天然气携带了无机盐、芳香烃类等物质会在后续装置中沉积，造成管道、活性炭等过滤器堵塞，不利于三甘醇的再生。一方面，需要把控好上游来气物质构成，按实际情况优化过滤 / 分离工艺；另一方面，需要监控相关设备的参数是否显著变化，可能是堵塞引起。

（2）再生釜腐蚀穿孔。

腐蚀穿孔的主要原因是由于化合物局部堆积造成局部温度过高，灼烧设备产生穿孔。腐蚀各设备金属壁的主要物质是天然气中混合的物质，如 H_2S、CO_2 类，与水形成酸性溶液，腐蚀金属导致设备金属壁变薄，造成设备穿孔；还可能是如无机盐类，在重沸器烟火管中沉积，形成局部高温，腐蚀烟火管。设备腐蚀后产生的穿孔不易发现，需要严密监测与之相关的参数变化，其最直接的表现形式为相应设备的温度出现异常，但同时还可能引发一系列相关的参数异常。出现穿孔问题的设备主要有精馏柱换热盘管、重沸器筒体和缓冲罐换热盘管等。主要有以下三类：

① 重沸器烟火管穿孔。当再生釜结垢发生后，富液三甘醇受热不均，形成局部温度，久而久之造成烟火管穿孔，这时，三甘醇就会发生裂解，同时产生泄漏，导致三甘醇溶液损耗。

② 缓冲罐换热盘管穿孔。随着富液中 H_2S 和 CO_2 的增加，使得三甘醇中酸性增大，造成缓冲罐换热盘管穿孔，造成三甘醇窜漏，对此，需定期加注 pH 调节剂，保持三甘醇 pH 值位于 7～7.5。

③ 精馏柱换热盘管穿孔。当精馏柱热盘管穿孔后，富液三甘醇泄漏，热量散失，精馏柱温度下降。对于其下游闪蒸罐，闪蒸罐的液位控制阀和压力调节阀开度减小，随着泄漏量加剧后，液位阀几乎无法开启。

（3）尾气系统异常。

① 再生气燃烧不完全。由于火头与再生气入炉位置不恰当、空燃配比不恰当或灼烧炉燃烧温度失当，使得尾气无法充分燃烧，造成尾气中对环境有害的气体甲烷、硫化氢等气体未完全燃烧掉，从灼烧炉烟囱到达外环境后冷凝，最后降落到地面，对环境造成污染。

② 再生气中水蒸气以液态形式进入灼烧炉。由于富液进入精馏柱温度较低，未达到水蒸气汽化温度100℃，导致本应该是气态的再生气冷凝成液态，从而且造成对灼烧炉高温的保温填料被"浇塌"，破坏灼烧炉耐火衬里。

（4）其他异常。

除了上述常见的设备故障以外，其他设备特有异常类别包括以下4个方面：

① 吸收塔液位连锁回路液封效果失效。导致吸收塔中的高压天然气随着富液三甘醇管道窜入下游低压设备及管道。

② 吸收塔液位连锁回路液封效果失效。导致吸收塔中的高压天然气随着富液三甘醇管道窜入下游低压设备及管道。较多天然气进入闪蒸罐，闪蒸罐将过多天然气等轻烃气体闪蒸出去。排出的天然气随着排气管道进入灼烧炉，灼烧炉温度徒增，产生淡蓝色火焰等。

③ 闪蒸罐压力调节阀失效。闪蒸罐压力无法自动调节，闪蒸罐压力下降甚至到0，闪蒸罐液位和液位控制阀相应上升。天然气等烃类物质未完全蒸发出去，导致进入下游重沸器中的天然气较多，导致重沸器的温度上升。重沸器温度控制阀调低燃料气进气压力，减少燃料气进入量。

④ 甘醇泵故障。其柱塞频率异常，振动较大，泵出三甘醇量不足，使得进入吸收塔的三甘醇量降低，影响吸收塔脱水性能。实际中，会导致上游缓冲罐液位下降，重沸器后端温度上升。

2.3 三甘醇脱水的仿真分析

三甘醇脱水装置发生故障时其相关的监测参数将发生变化，为实现对脱水装置的有效监测，需要了解故障与参数的映射关系。对三甘醇脱水装置典型故障的了解是经验知识的累积，故障与参数的关联关系一般通过故障发生时，相关参数的变化反映，由于人员积累过程可能存在偏差，为了有效地和完整地分析设备故障的参数的关联关系，本节通过建立 HYSYS 仿真模型，通过仿真模型模拟相关故障以完善故障与参数的关联关系，完善设备故障树，同时三甘醇脱水装置以设备为子系统实现故障监控，因此通过 HYSYS 仿真模型完善以设备为单位的脱水装置子系统的参数分组，为后续的故障异常识别模型奠定基础。

2.3.1 HYSYS 仿真流程建立

HYSYS 软件是由 Hyprotech 公司开发的石油化工动态模拟软件，HYSYS 针对不同的体系采用不同的热力学方法具有先进的集成式工程环境，其 PID 控制器可完成对任何变量的控制、可生成任何形式的传递函数，以及内置强大的智能算法，使得 HYSYS 具有强大的动态模拟功能。

结合三甘醇脱水装置的工艺流程，建立脱水装置的稳态模型和动态模型。三甘醇脱水装置的稳态模型和动态模型采用不同的算法建立。稳态模型中，各参数变量不为时间的函数，模型根据化工原理状态方程计算得到。稳态模型是实际中某工况条件的反映，通过改变某监测参数，可得到其他参数的状态。稳态模型可分析参数间的影响关系，同时也能实现参数的预测，如预测水露点、甘醇损耗量等。动态模型中，各参数为时间的函数，通过建立偏微分方程组并求解，可以得到参数随时间变化的过程。实际生产中，脱水过程是先动态变化后逐渐趋于稳定的变化过程，在动态模型中，通过阀的开度给模拟流程添加扰动，系统会在一段时间之后重新达到稳态。调整阀的开度来模拟实际工况中可能出现的故障，例如在闪蒸罐下游添加泄压阀和分离器模拟闪蒸罐泄漏。因此动态模型可分析参数与故障间的映射关系。

稳态建模过程如下：

（1）添加初始物流的组分和含量，如甲烷、乙烷、丙烷等。

（2）选择合理的物性包——PRSV 状态方程用于物性计算和气液平衡计算。

（3）根据实际脱水装置的工艺流程添加设备模块，如吸收塔、换热器、重沸器等。

（4）添加初始物流并连通各个设备。

（5）在吸收塔入口处添加循环操纵器，以便三甘醇在整个流程中循环使用，调整设备的参数使仿真工艺数据与实际工艺数据接近，直到整个工艺流程收敛为止。

（6）通过调整物流参数和设备参数，模拟故障，获得流程参数的变化并进行分析。

三甘醇脱水装置 HYSYS 仿真稳态模型如图 2.5 所示。

动态建模步骤如下：

（1）保存稳态仿真模型副本，进入动态模式。

（2）为整个流程物流的入口和出口添加阀门并且设置合理的压力值。

（3）调整整个流程的压降，建立流程的压力梯度关系。

（4）根据设备的控制负责为设备添加 PID 控制器，如闪蒸罐有压力控制器和液位控制器。

（5）调整 PID 控制器的动态响应参数直到流程能够正常启动。

（6）添加窄带曲线图，并选择响应的检测参数。

（7）启动整个动态仿真，直到流程到达稳态。

（8）调整 PID 控制器，通过窄带曲线图查看流程参数的变化。

三甘醇脱水装置 HYSYS 仿真动态模型如图 2.6 所示。

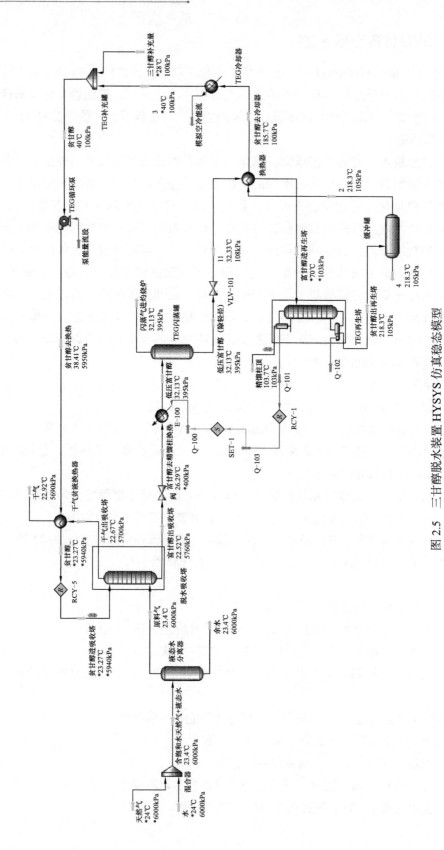

图 2.5 三甘醇脱水装置 HYSYS 仿真稳态模型

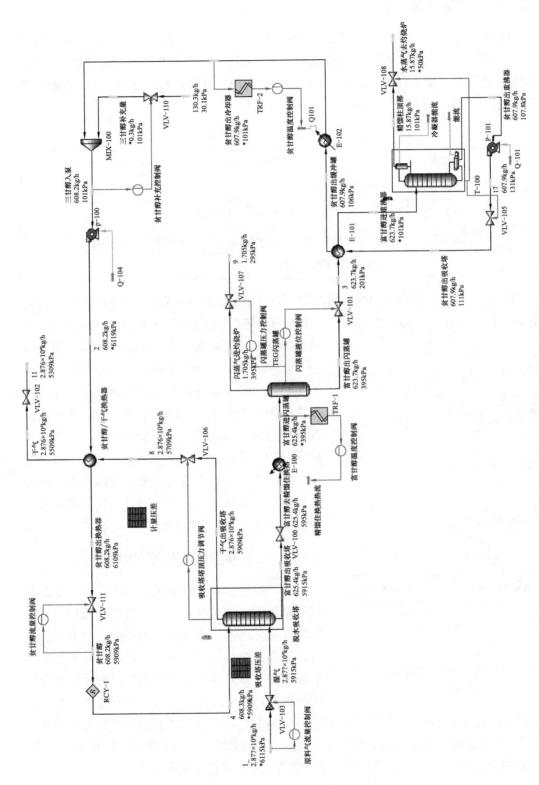

图 2.6 三甘醇脱水装置 HYSYS 仿真动态模型

2.3.2 典型故障仿真分析

三甘醇脱水装置运行过程中，因其设备运行特点和生产特点，主要存在设备压力异常、设备堵塞、设备腐蚀穿孔、火灾风险、甘醇损耗异常及天然水露点不合格等异常。HYSYS 软件通过调整动态仿真流程参数模拟设备故障，查看检测参数的变化，进而找到相关参数进行分类，典型故障与其具体位置见表 2.1。

表 2.1　典型故障与其具体位置

分类	典型故障	故障具体位置
1	泄漏	闪蒸罐泄漏
2	穿孔	精馏柱穿孔、重沸器烟火管穿孔、缓冲罐穿孔
3	仪空系统失效	吸收塔液位控制阀失效、闪蒸罐压力或液位控制阀失效、重沸器温度控制阀失效
4	设备失效	甘醇泵故障、精馏柱冲塔

根据三甘醇脱水装置 HYSYS 仿真模型，分析相关故障与监测参数间的映射关系流程如图 2.7 所示。通过 HYSYS 进行仿真，仿真的窄带曲线图如图 2.8 所示，针对闪蒸罐液位控制阀失效，闪蒸罐压力控制阀、闪蒸罐液位百分比和闪蒸罐压力均下降，重沸器温度、重沸器压力和重沸器温度控制阀开度出现了变化。从图 2.8 中可以看出，与闪蒸罐相关的闪蒸罐液位控制阀开度、闪蒸罐压力控制阀开度、闪蒸罐液位百分比和闪蒸罐压力变化明显，而其余重沸器 3 个参数变化幅度并不大。由此可以看出，故障发生时，对故障装置的相关参数影响较大，而对系统的其他装置的参数影响较小。

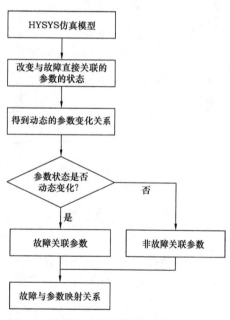

图 2.7　故障与监测参数间映射关系分析流程图

2.3.3 工艺参数关联仿真分析

三甘醇脱水装置是由脱水系统、再生系统和辅助系统组成的设备系统，主要包含原料气分离器、过滤分离器、吸收塔、闪蒸罐、重沸器、精馏柱、灼烧炉和缓冲罐等主要设备，每个设备可出现多种故障。对三甘醇脱水装置的故障进行整体分析的过程中，由于参数间具有复杂的影响关系，难以准确识别各故障。为了实现对设备故障的有效监测，将脱水装置拆分成以单个设备为主的子系统，在子系统中分析故障与参数之间的映射关系，为故障定位提供基础。因为 HYSYS 软件提供的设备模块的工艺参数与实际设备的工艺参数略有不同，所以三甘醇脱水仿真模型与实际情况有一定区别，并不能完全模拟所有故障。脱水装置仿真模拟的典型故障见表 2.2。

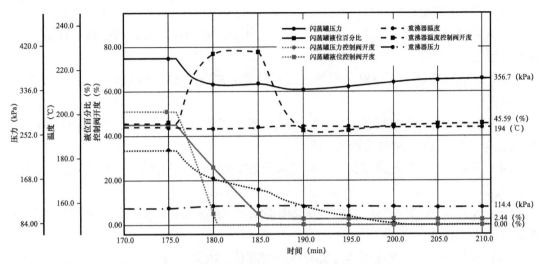

图 2.8　闪蒸罐液位控制阀失效参数映射关系

表 2.2　脱水装置仿真模拟的典型故障

序号	故障名称	相关参数
1	吸收塔液位控制阀失效	吸收塔液位控制阀开度、吸收塔压差、计量压差、闪蒸罐液位、闪蒸罐压力、闪蒸罐液位控制阀开度、闪蒸罐压力控制阀开度、出吸收塔三甘醇压力
2	闪蒸罐压力或液位控制阀失效	闪蒸罐液位控制阀开度、闪蒸罐压力控制阀开度、闪蒸罐压力、闪蒸罐液位、重沸器温度、重沸器压力、重沸器温度控制阀开度
3	闪蒸罐泄漏	闪蒸罐液位控制阀开度、闪蒸罐压力控制阀开度、闪蒸罐压力、闪蒸罐液位、重沸器温度、重沸器压力、重沸器温度控制阀开度
4	精馏柱冲塔	精馏柱顶部温度、重沸器温度、闪蒸罐液位、闪蒸罐压力、三甘醇循环量
5	精馏柱穿孔	精馏柱顶部温度、三甘醇循环量、缓冲罐液位、缓冲罐液位控制阀开度
6	重沸器温度控制阀失效	重沸器温度控制阀开度、重沸器整体温度、精馏柱温度、缓冲罐液位、缓冲罐压力、缓冲罐液位控制阀开度
7	重沸器烟火管结垢穿孔	重沸器温度控制阀开度、重沸器局部温度
8	缓冲罐穿孔	缓冲罐液位、缓冲罐压力、缓冲罐液位控制阀开度、出缓冲罐贫甘醇温度
9	甘醇泵故障	三甘醇循环量、三甘醇入泵前温度、缓冲罐液位、吸收塔液位控制阀开度、吸收塔液位

通过 HYSYS 仿真分析发现，当设备发生故障时，系统处于动态变化的过程中，许多监测参数都将受到影响，但各参数影响程度不一。本节结合 HYSYS 仿真，考虑设备故障时主要变化的参数，忽略次要变化的参数，将参数按照设备分类，组成以设备为单

位的子系统，为三甘醇脱水装置智能监测系统的故障诊断和监测参数预测提供参数分类基础。

各设备子系统对应的参数如下：

（1）原料分离器——原料分离器液位、过滤分离器差压、吸收塔差压、计量差压、瞬时处理量。

（2）过滤分离器——原料分离器液位、过滤分离器差压、吸收塔差压、计量差压、瞬时处理量。

（3）吸收塔——吸收塔雷达液位、吸收塔磁浮子液位、吸收塔液位控制阀开度、吸收塔差压、计量差压、瞬时处理量。

（4）闪蒸罐——闪蒸罐液位、闪蒸罐液位控制阀开度、闪蒸罐压力、闪蒸罐压力控制阀开度。

（5）重沸器——燃料气压力、重沸器中部温度、重沸器前部温度、重沸器尾部温度、重沸器温度控制阀开度。

（6）精馏柱——精馏柱顶部温度、缓冲罐液位、闪蒸罐液位、闪蒸罐压力、重沸器前部温度。

（7）缓冲罐——出缓冲罐贫甘醇温度、精馏柱顶部温度、缓冲罐液位。

（8）甘醇泵——三甘醇循环量、缓冲罐液位、三甘醇入泵前温度、吸收塔雷达液位、吸收塔液位控制阀开度。

（9）灼烧炉——灼烧炉炉膛温度、灼烧炉炉顶温度、燃料气压力、精馏柱顶部温度、闪蒸罐液位、闪蒸罐液位控制阀开度、闪蒸罐压力、闪蒸罐压力控制阀开度。

2.4 三甘醇脱水装置典型故障

根据 HYSYS 仿真结果和现有故障经验知识，结合 2.2 节三甘醇脱水装置常见问题，得到故障与参数映射关系如图 2.9 至图 2.15 所示。

（1）干气水露点不达标：在一定的水气含量和压力情况下，天然气冷却到某个温度，使得液态水析出的温度，该温度为天然气水露点。水露点越低，表明天然气的含水量越低，天然气越干燥。脱水工艺要求经吸收塔脱水后的干天然气，其水露点应比沿输气管线各地段的最低环境温度低 5℃，且脱水后进入长输管线的天然气在交接点的压力和温度条件下，天然气中不出现液态水和液态烃。干气水露点指标异常，表明吸收塔处理条件变差，与其相关的监测参数如天然气瞬时处理量、吸收塔差压和液位等会发生变化，具体如图 2.9 所示。

（2）三甘醇浓度下降：贫三甘醇浓度明显影响着天然气脱水效果。一般地，要达到输气管道所要求的天然气水露点要求，贫三甘醇浓度需要达到 97% 以上，富甘醇浓度在 94% 以上，贫富甘醇浓度差在 2% 以上。甘醇浓度与再生温度密切相关，导致贫三甘醇浓度不达标的主要工艺段是重沸器再生工艺段，与重沸器状态相关的参数有重沸器前端、中部和后端温度；另外，缓冲罐设备穿孔、三甘醇流失等与之相关的参数——缓冲罐液位、出缓冲罐贫甘醇温度会发生变化，因此可作为判断缓冲罐是否穿孔的一个判断依据，具体如图 2.10 所示。

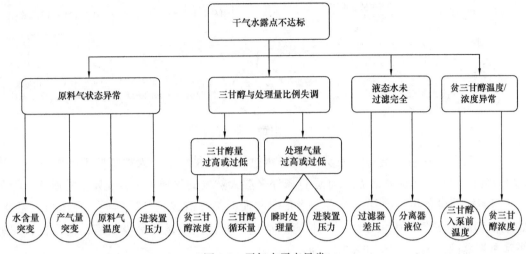

图 2.9　干气水露点异常

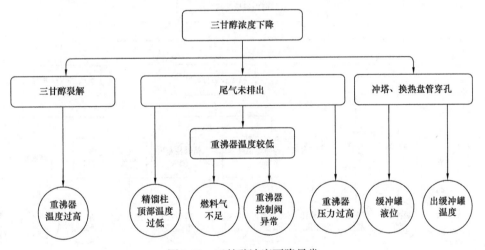

图 2.10　三甘醇浓度下降异常

（3）三甘醇品质下降：当三甘醇发泡时，其无法与天然气充分接触而使脱水效果降低。再生 TEG 变成黑褐色并散发着难闻气味时，表明 TEG 溶液已发生化学变化。另外，三甘醇发泡还会使传感器监测出假液位，实际液位低于监测值，最终导致有效三甘醇量降低。如果继续使用这种状态下的溶液进行脱水，会减少脱水量，使得水露点上升，无法达到输气管道外输干气的要求。在生产过程中，对于各类过滤器，应结合具体的天然气气质问题，优化各段过滤器，以减少酸性气体、化学剂、液态水等杂质进入脱水装置，具体如图 2.11 所示。

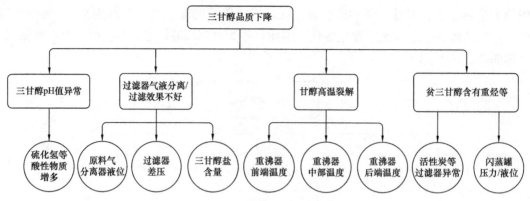

图 2.11　三甘醇品质下降异常

（4）三甘醇损耗量超标：在天然气脱水过程中，脱水 1m³ 天然气所消耗的三甘醇量低于 15mg 才能满足脱水装置正常运行。外来湿天然气的气质／气量、吸收塔损耗、闪蒸罐／精馏柱等设备再生损耗、冲塔和设备泄漏损耗都会造成三甘醇损耗。在压力、温度、处理量和杂质等各种因素中，对三甘醇损耗量影响比较明显的是吸收塔、精馏柱、闪蒸塔和重沸器的温度，具体如图 2.12 所示。

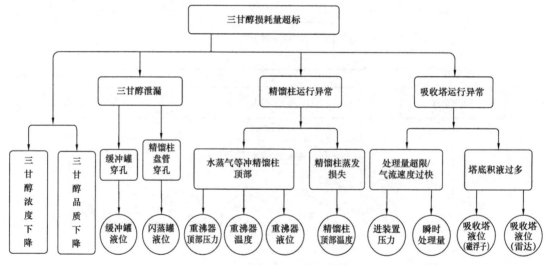

图 2.12　三甘醇损耗异常

（5）设备堵塞：天然气来气中常包含有各种杂质，或直接堵塞分离器，或沉积于脱水装置某一部位，逐渐堵塞各类设备。与之相关的参数有三甘醇循环量、缓冲罐液位、吸收塔液位、吸收塔差压、天然气瞬时处理量等，具体如图 2.13 所示。

（6）管线穿孔：天然气中混合的物质，与水形成酸性溶液，对金属具有腐蚀作用，造成设备穿孔。相关参数有精馏柱柱顶温度、闪蒸罐液位、闪蒸罐液位／压力控制阀开度、缓冲罐液位、出缓冲罐贫甘醇温度和三甘醇循环量等，具体如图 2.14 所示。

（7）其他故障：其他故障类型具体如图 2.15 所示。

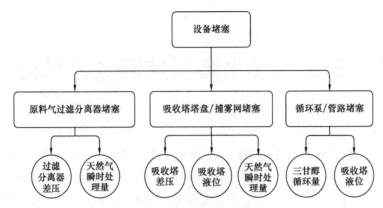

图 2.13　设备堵塞故障

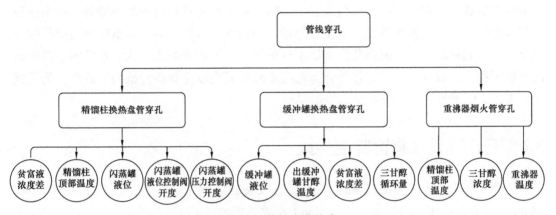

图 2.14　管线穿孔故障

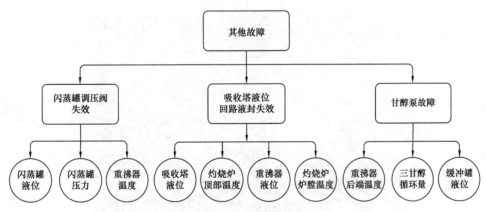

图 2.15　其他故障

第3章 三甘醇脱水装置监测数据预处理技术

三甘醇脱水装置的监测数据具有典型的大数据特征，即大量（Volume）、高速（Velocity）、多样（Variety）、低价值密度（Value）、真实（Veracity）。监测数据价值密度低的特点体现在多个方面，如部分时段的监测数据不包含设备状态信息、监测数据不连续、部分参数与设备状态无关、冗余、数值异常等。高质量的数据有助于进行设备隐含状态信息的提取，因此，在开展设备状态评估之前应首先进行数据的预处理。本书中三甘醇脱水装置的监测数据的预处理主要包括数据清洗、参数聚类、数据降维与特征融合三个方面。数据清洗旨在提高监测数据本身的质量，参数聚类用于从大量监测手段中筛选出敏感参数，数据降维与特征融合重点在于降低冗余以及提高特征的有效性，为后续故障诊断定位服务。

3.1 三甘醇脱水装置监测参数

如图3.1所示是某中心站脱水装置现场设备。该脱水装置建立了完善的SCADA（Supervisory Control And Data Acquisition）监测系统，可实时监控脱水工艺过程，其工艺流程图如图3.2所示，后续将会基于此装置进行研究和分析。

图3.1 某中心站脱水装置现场设备

该脱水装置共有33个实时监测参数和3个巡检参数，见表3.1。监测参数是由SCADA系统采集，采集间隔为5s；巡检参数是由人工巡检检测，每天一次。本书采用2016年1月到2019年1月期间内的数据进行处理分析，原始数据如图3.3所示。

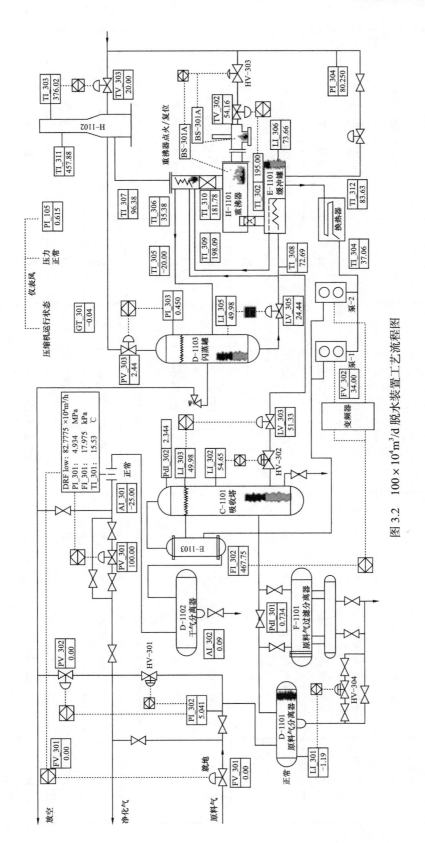

图 3.2　100 × 10⁴m³/d 脱水装置工艺流程图

表 3.1 扩建 100×10⁴m³/d 脱水装置参数

序号	参数名称	序号	参数名称	序号	参数名称
1	进装置压力（MPa）	13	压力控制阀开度（%）	25	燃料气压力（kPa）
2	原料气分离器液位（%）	14	出吸收塔富甘醇温度（℃）	26	精馏柱顶部温度（℃）
3	过滤分离器差压（kPa）	15	进闪蒸罐富甘醇温度（℃）	27	缓冲罐液位（%）
4	吸收塔差压（kPa）	16	闪蒸罐压力（MPa）	28	出缓冲罐贫甘醇温度（℃）
5	三甘醇循环量（L/h）	17	闪蒸罐压力率制阀开度（%）	29	三甘醇入泵前温度（℃）
6	吸收塔磁浮子液位（%）	18	闪蒸罐液位（%）	30	循环泵变频器给定值
7	吸收塔膏达液位（%）	19	闪蒸罐液位控制阀开度（%）	31	灼烧炉炉壁温度（℃）
8	吸收塔液位控制阀开度（%）	20	板式换热器富甘醇温度（℃）	32	灼烧炉顶部温度（℃）
9	计量静压（MPa）	21	重沸器中部温度（℃）	33	灼烧炉温度率制阀控制阀开度（%）
10	计量差压（kPa）	22	重沸器后端温度（℃）	34	贫液浓度（%）
11	计量温度（℃）	23	重沸器前端温度（℃）	35	富液浓度（%）
12	瞬时处理量（10⁴m³/d）	24	重沸器温度控制阀控制阀开度（%）	36	天然气露点（℃）

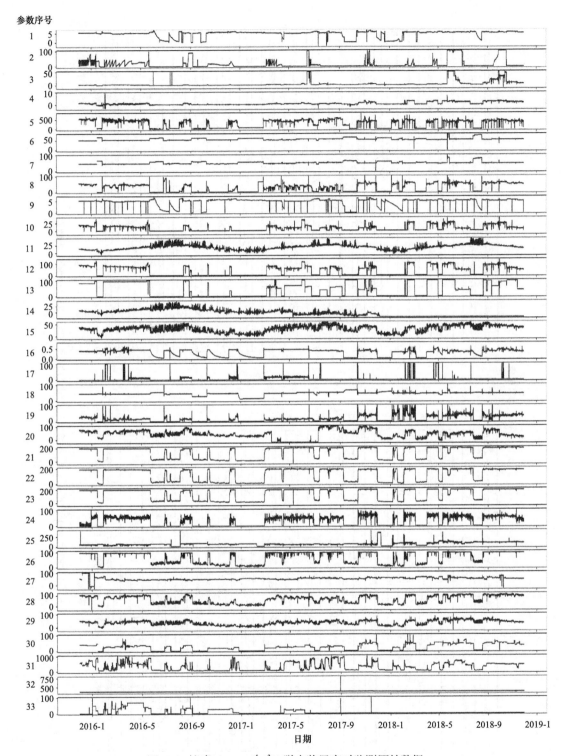

图 3.3　扩建 $100 \times 10^4 \mathrm{m}^3/\mathrm{d}$ 脱水装置实时监测原始数据

扩建 $100 \times 10^4 \mathrm{m}^3/\mathrm{d}$ 脱水装置巡检参数数据与同一时刻监测参数数据如图 3.4 所示。

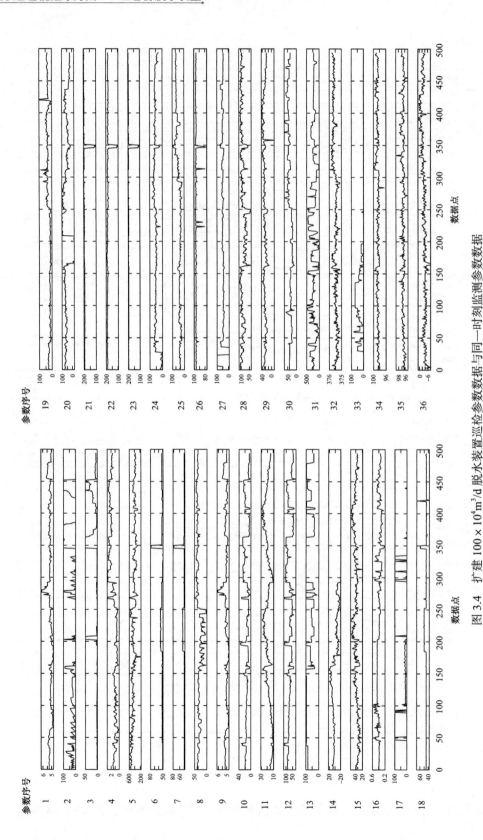

图 3.4　扩建 $100 \times 10^4 \mathrm{m}^3/\mathrm{d}$ 脱水装置巡检参数数据与同一时刻监测参数数据

3.2　数据清洗

3.2.1　缺失数据处理

通过数据分析发现，为多个参数在连续时间段均出现缺失。常见的数据缺失值插补法有均值插补、随机插补、回归插补和热卡插补等，同时对于传统的均值插补，由于均值是数据分布中心的值，当插入数据均值后数据分布过于集中，导致插补后的数据的总体方差和协方差减小，将影响数据挖掘与分析的效率与质量，特别是在相关性分析中，将出现无效值。为解决均值插补数据过于集中的现象，常采用在均值插补中增加随机项的随机插补方法。随机插补表示为：

$$\hat{y}_i = y_m + e_i \tag{3.1}$$

其中，$\hat{y}_i$ 为插补值，y_m 为缺失数据的均值，$e_i \sim N(0, \sigma^2)$ 为随机项，为避免随机项引入过多的噪声，σ^2 取值为 2.5×10^{-4}。

对于脱水装置缓冲罐液位监测数据，如图 3.5 所示，在数据中段缺失了 36 个数据点，如图 3.5（a）的方框所示，使用随机插补法对缺失数据进行插补。对缺失数据的插补之后效果如图 3.5（b）的方框所示，从图中可以看出随机项的插补有效地弥补了数据。

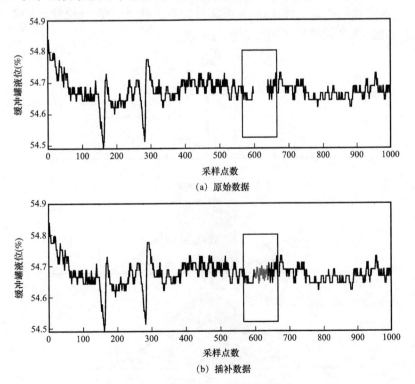

图 3.5　缓冲罐液位参数插补结果

3.2.2　异常数据处理

三甘醇脱水装置因传感器等因素的影响，可能导致数据中出现粗大误差值。粗差值是数据中的突变离群值，它的存在改变了数据的分布，将影响数据分析的质量，因此必须剔除。常用的粗差探测方法主要有根据"3σ准则"的3σ准则法以及根据"四分位距（Interquartile Range，IQR）准则"的箱形图法和IQR法粗差处理3种。

（1）3σ准则法。

3σ准则法是基于正态分布的清洗方法，将位于区间$[\mu-3\sigma，\mu+3\sigma]$以外的数据视为异常值。对异常值和缺失数据，用均值$\mu$代替，其中$\mu$和$\sigma$分别为数据均值和方差。

3σ准则法基于正态分布原理，认为数值分布在$[\mu-3\sigma，\mu+3\sigma]$中的概率为0.9973，可认为数据几乎全部分布在此范围内。但基于正态分布的3σ准则法是以假定数据服从正态分布为前提的，实际数据往往并不严格服从正态分布。此方法判断异常值的标准是以计算数据批的均值和标准差为基础的，而均值和标准差的耐抗性极小，异常值本身会对它们产生较大影响，这样产生的异常值个数不会多于总数0.7%。对于分布比较偏的数据，可以根据实际情况变更选择的范围，对于分布均匀的高频噪声，可以使用小波包降噪的处理方法。

（2）箱形图法。

箱形图法是在一个固定长度的窗口内将数据从小到大排列，并将范围在$Q_1-1.5\times IQR$和$Q_1+1.5\times IQR$之外的数据去除（Q_1为下四分位数，Q_3为上四分位数，IQR为上下四分位数的差）。如图3.6所示描述了箱形图法的原理。

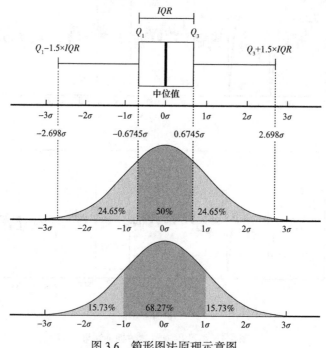

图3.6　箱形图法原理示意图

箱形图的绘制依靠实际数据，不需要事先假定数据服从特定的分布形式，没有对数据做任何限制性要求，它只是真实直观地表现数据形状的本来面貌。箱形图判断异常值的标准以四分位数和四分位距为基础，四分位数具有一定的耐抗性，多达 25% 的数据可以变得任意远而不会很大地扰动四分位数，所以异常值不会对这个标准有影响，识别结果比较客观。由此可见，箱形图在识别异常值方面有一定的优越性。

（3）IQR 准则法粗差值处理。

传统的 3σ 准则法要求包含粗大误差的数据序列服从正态分布，而实际数据大多不满足服从正态分布的要求。IQR 准则法是一种稳健化的粗大误差去除法，对数据服从的分布没有要求，相比于 3σ 准则法具有更加广泛的适用性。

对于包含粗大误差的三甘醇脱水装置监测数据序列，将数据从小到大排列，取排序后的中位值 M、上四分位数 Q_3 和下四分位数 Q_1 建立的 IQR 对粗大误差进行评价，IQR 定义为：

$$IQR=Q_3-Q_1 \tag{3.2}$$

粗大误差通过 IQR 准则法的比分数 z 进行评价：

$$z = \frac{x_i - M}{0.7413 \times IQR} \tag{3.3}$$

其中，x_i 为原始监测数据序列的第 i 个数据，当 $|z|>3$ 时，x_i 为粗大误差值，并在排除所有粗大误差值后，通过剩下的数据的均值填补。

脱水装置吸收塔液位监测数据如图 3.7 所示，通过 IQR 准则法对原始数据进行粗差值去除处理。IQR 准则法在原始数据中识别出了 3 个离群的粗差值，用方框标出，如图 3.7（a）所示。去除粗差值的数据如图 3.7（b）所示，可以看出 IQR 准则法有效地去除了偏离数据分布的离群粗差值，提高了数据的质量。

3.2.3 小波降噪处理

在实际工况中采样的原始数据总会混杂着一定的噪声数据，噪声的存在严重干扰了数据的本质特征，不利于后续的数据处理和分析。因此，在对原始数据进行预处理时，采用一定的方法对噪声加以消除或减小，最大限度地提取原始数据中的有用信息是非常有必要的。早期的降噪方法有基于傅里叶变换的降噪方法，即低通滤波法和基于信号自相关的降噪方法等，这些方法都只能在时域或者频域上进行去噪，原始数据有突变时，对整体的降噪效果有较大的影响。20 世纪 80 年代出现的小波变换是时频联合分析方法，在时域和频域都具有良好的局部化特征，它的一个特点就是能够降低原始数据中的噪声。

本书使用小波包方法对检测数据进行降噪处理。小波包分解是在小波分解的基础上提出的一种多分辨率时频分解方法，这种方法在处理非平稳数据时有比较好的效果。小波包通过对含有高频信息的数据进一步分解，能够自适应地选择频带，有更加准确的局部分析能力。小波包分析对信号进行多层次划分，将每层节点处的信号分解为高低频成分，逐层分解，进而构成一个小波树，下一层节点的带宽和频率仅为上一层节点的一半，但其时频分辨率却为上一层节点的 2 倍。图 3.8 为三层小波包分解示意图，其中 S 代表三甘醇脱水装置原始监测数据，A 代表低频成分，D 代表高频成分。

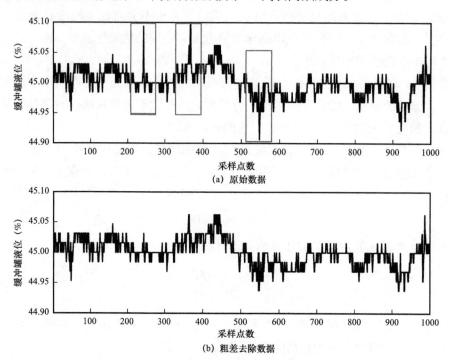

图 3.7 脱水装置吸收塔液位监测数据粗差去除效果图

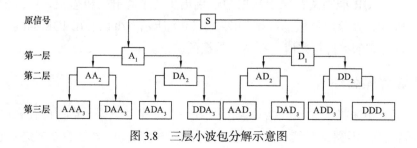

图 3.8 三层小波包分解示意图

小波包降噪阈值的设定是关键，通常采用浮动阈值判定低频序列的小波包分解系数，阈值 T 由式（3.4）定义：

$$T = \sigma \sqrt{2\ln N} / \sqrt{N} \tag{3.4}$$

式中：N 为信号长度；σ 为噪声能量，通过各尺度小波包系数的中位数 m 定义：

$$\sigma = m / 0.6745 \tag{3.5}$$

经过小波包分解后，原始数据的频率分布更加精细，将噪声从信号中剥离出来，噪声具有较低的小波系数。可对原始监测数据的小波系数进行阈值处理，去除高频噪声，小波包去噪流程见表 3.2。对于吸收塔液位原始数据在经箱形图 IQR 准则法去除粗差值后，数据中仍然存在毛刺噪声数据，如图 3.9 所示，经降噪后，吸收塔液位数据更平滑，毛刺减少，可降低噪声对后续异常识别的影响。

表 3.2　小波包去噪流程

流程序号	内容	备注
1	选择一个小波基和确定分解层数 N，并进行 N 层分解	输入：含有噪声的数据 输出：小波包降噪之后的数据
2	在一个给定的熵标准下（如：Shannon 熵等），计算最佳树	
3	确定阈值，对每层的小波包分解系数进行量化	
4	对经阈值量化后的系数进行重构，得到降噪后的目标数据	

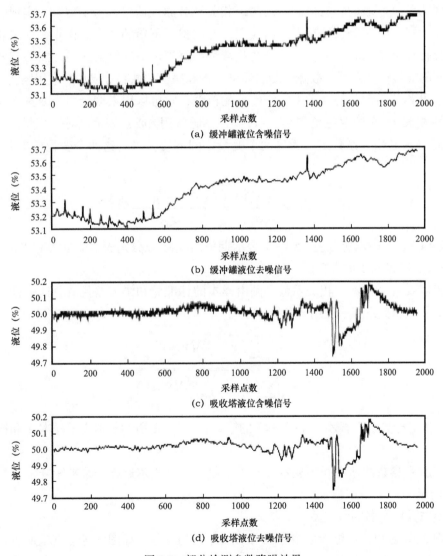

(a) 缓冲罐液位含噪信号

(b) 缓冲罐液位去噪信号

(c) 吸收塔液位含噪信号

(d) 吸收塔液位去噪信号

图 3.9　部分检测参数降噪效果

3.3 参数聚类

三甘醇脱水装置由吸收塔、闪蒸罐、精馏柱、重沸器和过滤器等设备组成，结构复杂，监测的参数众多，参数之间的关系复杂，因此从整体直接识别天然气脱水装置的运行状态比较困难。本书通过参数分组，聚类分析识别子系统异常，降低设备异常识别的难度。

3.3.1 皮尔逊相关系数关联分析聚类

为了充分地挖掘各个参数之间的关联关系，选择使用皮尔逊相关系数进行线性关联分析。作为统计领域的经典概念，皮尔逊相关系数原理简单，易于理解，实现容易，在数据挖掘、机器学习等领域有着广泛应用，并取得了不错的效果。在非线性关联分析方面，选择使用灰色关联度分析，该方法是灰色系统理论中的经典应用，能够有效地挖掘变量之间的非线性关系，在故障诊断、经济分析和医学领域有着成功的应用案例。

皮尔逊相关系数是统计学中一个经典的概念，它可以用来度量两个变量之间的相关性（线性相关），它的取值范围是 $[-1, +1]$，通常用 r 或 ρ 表示。对于变量 X 和 Y，它们之间的皮尔逊相关系数定义为这两个变量之间的协方差与这两个变量标准差积的商，即：

$$\rho_{XY} = \frac{\text{cov}(X,Y)}{\sigma_X \sigma_Y} = \frac{E(X - \mu_X)(Y - \mu_Y)}{\sigma_X \sigma_Y} \qquad (3.6)$$

式中：$\text{cov}(\cdot, \cdot)$ 表示协方差；$E(\cdot)$ 表示期望；μ_X 和 μ_Y 分别表示变量 X 和 Y 的均值；σ_X 和 σ_Y 表示变量 X 和 Y 的方差。

如果需要计算样本的相关系数，则由样本的标准差和协方差代替总体的标准差和协方差，皮尔逊相关系数一般用 r 表示，有：

$$r = \frac{\sum_{i=1}^{n}(X_i - \bar{X})(Y_i - \bar{Y})}{\sqrt{\sum_{i=1}^{n}(X_i - \bar{X})^2} \sqrt{\sum_{i=1}^{n}(Y_i - \bar{Y})^2}} \qquad (3.7)$$

式中：X_i 和 Y_i 分别表示样本 X 和样本 Y 的第 i 个变量；$\bar{X}$ 和 $\bar{Y}$ 分别表示样本 X 和样本 Y 的均值。

计算所有参数两两之间的皮尔逊相关系数，得到皮尔逊相关系数矩阵，其热力图如图 3.10 所示。

标签与其中文名的对应关系见表 3.3。

由图 3.10 易知，这组参数中存在着三组相关的参数，如图中矩形方框所示，每组参数两两之间的皮尔逊相关系数都大于 0.9。第一组参数是 K100_PDI_301（过滤分离器差压）、K100_PDI_302（吸收塔差压），第二组参数是 K100_FI_301（计量差压）、K100_FIQ_301_DRFLOW（瞬时处理量）、K100_PIC_301（压力控制阀开度），第三组参数是 K100_TI_302（重沸器前端温度）、K100_TI_307（精馏柱顶部温度）、K100_TI_309（重沸器中部温度）、K100_TI_310（重沸器后端温度）、K100_TIC_302（重沸器温度控制阀开度）。

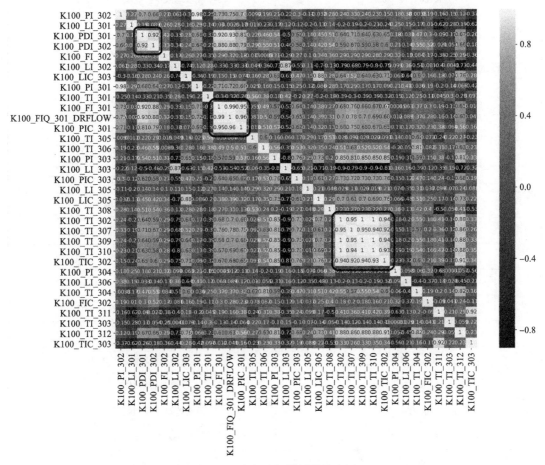

图 3.10 皮尔逊相关系数热力图

表 3.3 标签与其中文名对应关系表

标签	参数
K100_PI_302	进装置压力（MPa）
K100_LI_301	原料气分离器液位（%）
K100_PDI_301	过滤分离器差压（kPa）
K100_PDI_302	吸收塔差压（kPa）
K100_FI_302	三甘醇循环量（L/h）

续表

标签	参数
K100_LI_302	吸收塔液位（磁浮子液位计）（%）
K100_LI_303	吸收塔液位（雷达液位计）（%）
K100_LIC_303	吸收塔液位控制阀开度（%）
K100_PI_301	计量静压（MPa）
K100_FI_301	计量差压（kPa）
K100_TI_301	计量温度（℃）
K100_FIQ_301_DRFLOW	瞬时处理量（$10^4 m^3/d$）
K100_PIC_301	压力控制阀开度（%）
K100_TI_305	出吸收塔富甘醇温度（℃）
K100_TI_306	进闪蒸罐富甘醇温度（℃）
K100_PI_303	闪蒸罐压力（MPa）
K100_PIC_303	闪蒸罐压力控制阀开度（%）
K100_LI_305	闪蒸罐液位（%）
K100_LIC_305	闪蒸罐液位控制阀开度（%）
K100_TI_308	出板式换热器富甘醇温度（℃）
K100_TI_309	重沸器中部温度（℃）
K100_TI_310	重沸器后端温度（℃）
K100_TI_302	重沸器前端温度（℃）
K100_TIC_302	重沸器温度控制阀开度（%）
K100_PI_304	燃料气压力（kPa）
K100_TI_307	精馏柱顶部温度（℃）
K100_LI_306	缓冲罐液位（%）
K100_TI_312	出缓冲罐贫甘醇温度（℃）
K100_TI_304	三甘醇入泵前温度（℃）
K100_FIC_302	三甘醇循环泵变频器给定值（%）
K100_TI_311	灼烧炉炉膛温度（℃）
K100_TI_303	灼烧炉顶部温度（℃）
K100_TIC_303	灼烧炉温度控制阀开度（%）

3.3.2 灰色关联度聚类

灰色关联度分析是灰色系统理论的一个应用,该理论在 1982 年由我国学者邓聚龙教授创立。灰色系统理论将系统分为白色系统、黑色系统和灰色系统。白色系统表示一个系统的信息是完全已知的;黑色系统表示系统内的信息是完全未知的;灰色系统表示系统内的一部分信息是已知的,另一部分信息是未知的。在实际生产生活中,绝大部分的系统是灰色系统,例如气象系统、农业系统、社会系统以及生态系统等。

关联度是两个系统之间的因素随着不同对象或时间而变化的关联性大小的度量。在系统的发展过程中,如果两个因素的变化趋于一致,即它们之间的同步变化程度较高,则二者的关联度较高;反之,二者关联度较低。灰色关联度分析是将因素之间发展趋势的相异或相似程度作为评价因素之间关联程度的一种方法。

灰色关联度分析的基本思想是将因素的数据序列作为依据,通过数学的方法来比较因素之间的几何对应关系。绘制两个因素的序列曲线,若这两条曲线的几何形状越接近,则对应因素之间的灰色关联度越大,反之则越小。

灰色关联度分析的计算步骤如下:

(1)确定参考数列和比较数列。

设参考数列的维度为 n,记作:

$$X_0 = (x_0(1), x_0(2), \cdots, x_0(n)) \tag{3.8}$$

式中 X_0 表示数列中第 0 列;$x_0(1)$,$\cdots$,$x_0(n)$ 表示第 0 列中具体数值。

设有 m 个比较数列,每个数列的维度为 n,这些数据组成如下矩阵:

$$(X_1, X_2, \cdots, X_m) = \begin{bmatrix} x_1(1) & x_2(1) & \cdots & x_m(1) \\ x_1(2) & x_2(2) & \cdots & x_m(2) \\ \vdots & \vdots & \ddots & \vdots \\ x_1(n) & x_2(n) & \cdots & x_m(n) \end{bmatrix} \tag{3.9}$$

(2)变量的无量纲化。

常用的无量纲化方法有均值化法、初值化法和极值化法等。

均值化法的计算为:

$$x_i'(j) = \frac{x_i(j)}{\dfrac{1}{m} \sum_{i=1}^{m} x_i(j)} \tag{3.10}$$

初值化法的计算为:

$$x_i'(j) = \frac{x_i(j)}{x_1(j)} \tag{3.11}$$

极值化法的计算为:

$$x_i'(j) = \frac{x_i(j) - x_{\min}}{x_{\max} - x_{\min}} \qquad (3.12)$$

式中，$x_i'(j)$ 表示矩阵中 i 列第 j 个数无量纲化后的数值。

后续实验中使用了均值化法，无量纲化后的参考数列与比较数列形成如下矩阵：

$$(X_0', X_1', \cdots, X_m') = \begin{bmatrix} x_0'(1) & x_1'(1) & \cdots & x_m'(1) \\ x_0'(2) & x_1'(2) & \cdots & x_m'(2) \\ \vdots & \vdots & \ddots & \vdots \\ x_0'(n) & x_1'(n) & \cdots & x_m'(n) \end{bmatrix} \qquad (3.13)$$

（3）计算绝对差值。

计算参考序列与每个比较序列对应元素之间的绝对差值，即 $\Delta_{0i}(j) = |x_0'(j) - x_i'(j)|$（$i$=1，2，$\cdots$，$m$，$j$=1，2，$\cdots$，$n$），最终得到绝对差值的矩阵：

$$\begin{bmatrix} \Delta_{01}(1) & \cdots & \Delta_{0m}(1) \\ \vdots & & \vdots \\ \Delta_{01}(n) & \cdots & \Delta_{0m}(n) \end{bmatrix} \qquad (3.14)$$

在绝对差值矩阵中找出最小值和最大值，其中最小值为 $\min\min\Delta_{0i}(j)$，最大值为 $\max\max\Delta_{0i}(j)$。

（4）计算灰色关联系数。

利用式（3.15）计算每个比较数列在各个时刻与参考数列之间的灰色关联系数：

$$\xi_i(j) = \frac{\min\min\Delta_{0i}(j) + \rho\max\max\Delta_{0i}(j)}{\Delta_{0i}(j) + \rho\max\max\Delta_{0i}(j)} \qquad (3.15)$$

式中：$\xi_i(j)$ 表示第 i 个比较数列在第 j 时刻与参考数列之间的灰色关联系数；ρ 表示分辨系数，该值越小，分辨力越大，ρ 的取值范围是（0，1），一般取 ρ=0.5。

（5）计算灰色关联度。

因为灰色关联系数表示比较数列相较于参考数列在各个时刻（各个维度）的关联程度，所以它的取值有 n 个。因为信息的分散不利于进行整体性的比较，所以需要将各个时刻（各个维度）的灰色关联系数转变为一个值，这里采用取平均值的方法。最终得到的平均值 r_i 表示比较数列与参考数列之间的关联程度，它的计算方法为：

$$r_i = \frac{1}{n}\sum_{j=1}^{n}\xi_i(j) \qquad (3.16)$$

计算所有参数两两之间的灰色关联度，得到灰色关联度矩阵，画出该矩阵的热力图如图 3.11 所示。

由图 3.11 可以清晰地看出，这些参数中存在着一组相关的参数，如图中矩形方框区域所示，这组参数中两两参数之间的灰色关联度都大于 0.9，这组参数是 K100_TI_302（重沸器前端温度）、K100_TI_307（精馏柱顶部温度）、K100_TI_309（重沸器中部温度）和 K100_TI_310（重沸器后端温度）。

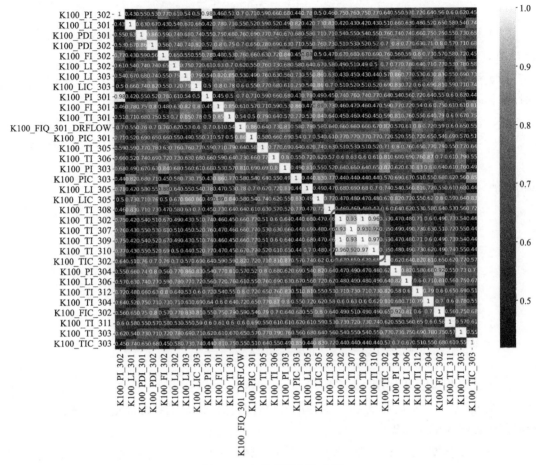

图 3.11　灰色关联度热力图

3.3.3　层次聚类

层次聚类是一种比较常见的聚类算法，它的原理简单，实现方便，效果良好，被应用于诸多领域。层次聚类算法执行的操作简单，对给定的数据不断地进行凝聚或分解，直到满足终止条件为止。凝聚的层次聚类本质上是一种自底而上的策略，它首先将每个对象作为一个单独的簇，其次计算各个簇之间的距离，再次对距离最近的两个簇进行合并，最后不断执行前面两步，直至所有对象都属于同一个簇或者达到终止条件为止。与凝聚策略相反，分裂的层次聚类本质上是一种自顶向下的策略，它首先将所有对象放置于同一个簇中，然后不断地将这些对象细分成越来越小的簇，直至最后所有对象都属于单独一簇或者达到终止条件为止。

对于数据集合 X，它有 m 条数据，维度为 n。

$$X = \begin{bmatrix} x_{11} & \cdots & x_{1n} \\ \vdots & \ddots & \vdots \\ x_{m1} & \cdots & x_{mn} \end{bmatrix} \quad (3.17)$$

（1）将数据集 X 中的每条数据 X_i 作为单独的聚类中心 $C_i = (x_i)$，形成初始的聚类集合 $C = (c_1, \cdots, c_i, \cdots, c_m)$。

（2）计算聚类集合 C 中所有聚类对 (c_i, c_j) 之间的相似度 $\text{sim}(c_i, c_j)$。$\text{sim}(c_i, c_j)$ 的计算如式（3.18）所示：

$$\text{sim}(c_i, c_j) = \frac{(c_i \cdot c_j)}{(|c_i||c_j|)} \quad (3.18)$$

其中

$$c_i \cdot c_j = \sum_{k=1}^{n} c_{ik} c_{jk}$$

$$|c_i| = \sqrt{\sum_{k=1}^{n} c_{ik} c_{ik}}$$

$$|c_j| = \sqrt{\sum_{k=1}^{n} c_{jk} c_{jk}}$$

（3）选取相似度最大的两个聚类 (c_i, c_j)，$\max \text{sim}(c_i, c_j)$，将它们合并，得到一个新的聚类 $c_k = c_i \cup c_j$，同时将 c_i 和 c_j 的特征矢量合并，作为 c_k 的特征矢量。完成该步骤后，得到新的关于 X 的聚类集合 $C = (c_1, \cdots, c_i, \cdots, c_{m-1})$。

（4）重复步骤（2）和步骤（3），直至全部聚类集合 C 中只有一个元素，或者达到终止条件。

根据步骤（3）中 $\text{sim}(c_i, c_j)$ 计算思路的不同，可以将层次聚类算法分成 average-linkage、complete-linkage 和 single-linkage 三种不同的聚类算法，它们的区别如下：

① average-linkage，把类与类间元素对的相似度平均值作为两个类之间的相似度。

② complete-linkage，把类与类间元素对的最大相似度作为两个类之间的相似度。

③ single-linkage，把类与类间元素对的最小相似度作为两个类之间的相似度。

使用了基于 average-linkage 的层次聚类算法对 2017 年 6 月 10 日正常数据分析，最终得到的结果如图 3.12 所示，其中纵坐标表示类与类之间的距离。

由图 3.12 可以看出，在这些参数中存在两个簇，如图中矩形边框区域所示，每个簇内各个参数之间的距离都小于 100，同时每个簇包含的元素个数都大于 2。第一个簇是 K100_TI_302（重沸器前端温度）、K100_TI_307（精馏柱顶部温度）、K100_TI_309（重沸器中部温度）、K100_TI_310（重沸器后端温度），第二个簇是 K100_LIC_303（吸收塔液位控制阀开度）、K100_TIC_303（灼烧炉温度控制阀开度）、K100_LIC_305（闪蒸罐液位控制阀开度）、K100_TI_301（计量温度）、K100_PIC_303（闪蒸罐压力控制阀开度）。分析这两个簇中的参数在扩建 $100 \times 10^4 m^3/d$ 脱水装置工艺流程图中的位置发现，第一个簇中的参数分布在一个紧密相连的管路上，如图 3.13 中方框区域所示，这组参数的物理位置与层次聚类的分析结果相契合；而第二个簇中的 5 个参数没有这种特点。

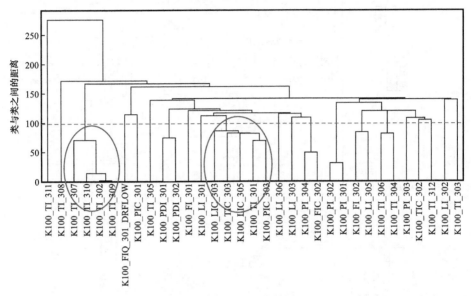

图 3.12　层次聚类结果

　　参数分类是将相关联的参数聚类为同一组，通过参数聚类有助于诊断分析由关联参数组成的子系统的设备状态。但聚类算法的结果好坏依赖于数据本身，由于脱水装置具有多种工况，同时故障形式多样且设备本身的动态变化特点，对于不同的数据，层次聚类算法可能得到不同的聚类结果。

3.4　数据降维与特征融合

3.4.1　数据降维

　　天然气脱水装置监测参数有 33 个，其产生的数据集十分庞大。过多的数据维度会使数据处理难度加大。数据降维是缓解"维度灾难"的有效手段，能够提取数据集主要的特征，剔除的冗余信息，易于提高后续分析的效率，降低数据处理的难度。

　　数据降维的方法有很多，不同的方法适用于不同的情况。通常有基于特征提取和基于特征选择的降维方法，如图 3.14 所示。

　　以天然气脱水的数据集为例，使用主成分分析方法（Principal Component Analysis，PCA）和因子分析方法对其进行数据降维。

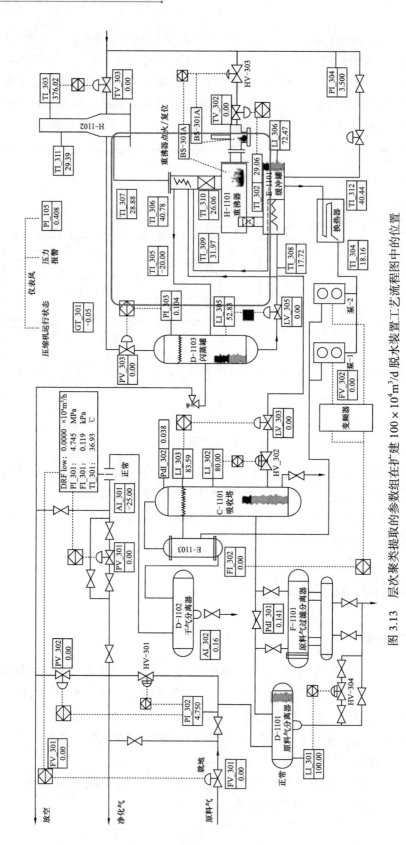

图 3.13　层次聚类提取的参数组在扩建 $100 \times 10^4\,\text{m}^3/\text{d}$ 脱水装置工艺流程图中的位置

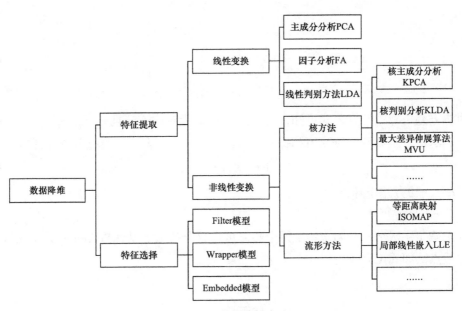

图 3.14　数据降维方法

3.4.1.1　PCA 降维

设有 m 个监测参数，n 条样本数据，组成如下 $m \times n$ 的矩阵：

$$X_{n \times m} = \left(X_1, X_2, \cdots, X_m \right) = \begin{bmatrix} x_{11} & x_{12} & \cdots & x_{1m} \\ x_{21} & x_{22} & \cdots & x_{2m} \\ \vdots & \vdots & \ddots & \vdots \\ x_{n1} & x_{n2} & \cdots & x_{nm} \end{bmatrix}$$ （3.19）

主成分分析的步骤为：

（1）由于脱水系统各个监测参数的量纲不同，监测参数的值相差很大，影响后续分析。为了消除监测参数间量纲和取值范围的差异，进行标准化处理，这里采用零均值化处理。计算公式为：

$$x^* = \frac{x - x^-}{\sigma}$$ （3.20）

为了方便，将均值化处理后的矩阵记为 X'，每个监测参数的均值为 0，标准差为 1。

$$X' = \begin{bmatrix} x'_{11} & x'_{12} & \cdots & x'_{1m} \\ x'_{21} & x'_{22} & \cdots & x'_{2m} \\ \vdots & \vdots & \ddots & \vdots \\ x'_{n1} & x'_{n2} & \cdots & x'_{nm} \end{bmatrix}$$ （3.21）

（2）求协方差矩阵 R。协方差矩阵的计算公式为：

$$R = \frac{1}{m}XX^{\mathrm{T}} = \begin{bmatrix} r'_{11} & r'_{12} & \cdots & r'_{1m} \\ r'_{21} & r'_{22} & \cdots & r'_{2m} \\ \vdots & \vdots & \ddots & \vdots \\ r'_{n1} & r'_{n2} & \cdots & r'_{nm} \end{bmatrix} \tag{3.22}$$

由协方差矩阵的计算公式可知，协方差矩阵 C 为对称阵，且 $r_{ij}=r_{ji}$，$r_{ii}=1$。

（3）求协方差矩阵的特征值和特征向量。记 $\lambda = (\lambda_1, \lambda_2, \cdots, \lambda_m)$，特征值 λ 的计算：

$$\det(R - \lambda E) = 0 \tag{3.23}$$

式中　R——协方差矩阵；

　　　E——单位矩阵。

（4）确定主成分的个数 d。主元个数 d 可由百分比截点法（Percentage Cutoff）得到，百分比截点法如式（3.24）：

$$\frac{\sum\limits_{i=1}^{d} \lambda_i}{\sum\limits_{i=1}^{m} \lambda_i} \geqslant \omega \tag{3.24}$$

式中 ω 表征了保留原始信息的比例，一般取 0.85。

（5）计算前 d 个特征值对应的单位特征向量 $\beta_1, \cdots, \beta_d$：

$$\beta_1 = \begin{pmatrix} \beta_{11} \\ \beta_{21} \\ \vdots \\ \beta_{m1} \end{pmatrix}, \beta_2 = \begin{pmatrix} \beta_{12} \\ \beta_{22} \\ \vdots \\ \beta_{m2} \end{pmatrix}, \cdots, \beta_d = \begin{pmatrix} \beta_{1d} \\ \beta_{2d} \\ \vdots \\ \beta_{md} \end{pmatrix} \tag{3.25}$$

（6）计算降维后的数据：

$$Z = \beta_{1i}X_1 + \beta_{2i}X_2 + \cdots + \beta_{mi}X_m \qquad (i=1, 2, \cdots, d) \tag{3.26}$$

式中，Z 表示降维后的结果。

以上步骤可以概括为：求出样本数据协方差矩阵的特征值和特征向量，然后按照特征值由大到小进行排列，给出成分的重要性级别，挑选出主特征向量。主成分向量与原数据集的乘积作为降维后的数据集。

主特征向量作为诊断的特征参数能够直观地反映某个参数的异常。主特征向量代表了方差最大的数据分布的方向，所以当参数异常时，方差最大的数据分布方向也发生了改变，进而能够诊断出某个检测参数的异常。

3.4.1.2　因子分析

因子分析是一种依靠变量之间的关系进行降维的多元统计方法。因子分析通过研究变量相关矩阵内部的依赖关系，将关系错综复杂的变量归结为少数几个综合因子的方法。

其基本思想是根据关联性大小把原始数据进行分组，每组变量提取出一个公共因子，将原始变量表示成公共因子和与公共因子无关的特殊因子之和的形式。

假设有 n 条样本，m 个变量组成的数据集 $X_m=\{X_1, X_2, \cdots, X_m\}$。则因子分析模型为：

$$\begin{cases} X_1 = a_{11}F_1 + a_{12}F_2 + \cdots + a_{1e}F_e + \varepsilon_1 \\ X_2 = a_{21}F_1 + a_{22}F_2 + \cdots + a_{2e}F_e + \varepsilon_2 \\ \qquad\qquad\qquad\vdots \\ X_m = a_{m1}F_1 + a_{m2}F_2 + \cdots + a_{me}F_e + \varepsilon_m \end{cases} \tag{3.27}$$

其矩阵形式为：

$$X = AF + \varepsilon \tag{3.28}$$

式中 $A = \begin{bmatrix} a_{11} & a_{12} & \cdots & a_{1e} \\ a_{21} & a_{22} & \cdots & a_{2e} \\ \vdots & \vdots & \ddots & \vdots \\ a_{m1} & a_{m2} & \cdots & a_{me} \end{bmatrix}$ 为载荷矩阵，$F = (F_1, F_2, \cdots, F_e)$ 为公共因子，ε_i 为对应的 X_i 所特有的特殊因子。

（1）计算载荷矩阵。

求解载荷矩阵有多种方法，这里采用主成分法。求解 X 的相关矩阵得到 m 个主成分，将得到的主成分由大到小排列，得到 $Y = (Y_1, Y_2, \cdots, Y_m)$，如式（3.29）所示：

$$Y = \begin{cases} Y_1 = b_{11}X_1 + b_{12}X_2 + \cdots + b_{1m}X_m \\ Y_2 = b_{21}X_1 + b_{22}X_2 + \cdots + b_{2m}X_m \\ \qquad\qquad\qquad\vdots \\ Y_m = b_{m1}X_1 + b_{m2}X_2 + \cdots + b_{mm}X_m \end{cases} \tag{3.29}$$

其中 b_{ij} 为随机变量 X 的相关矩阵的特征根所对应的特征向量的分量，而特征向量彼此正交，所以从 X 到 Y 的转换是可逆的，容易得到 X 关于 Y 的表达式如式（3.30）所示：

$$X = \begin{cases} X_1 = b_{11}Y_1 + b_{21}Y_2 + \cdots + b_{m1}Y_m \\ X_2 = b_{12}Y_1 + b_{22}Y_2 + \cdots + b_{m2}Y_m \\ \qquad\qquad\qquad\vdots \\ X_m = b_{1m}Y_1 + b_{2m}Y_2 + \cdots + b_{mm}Y_m \end{cases} \tag{3.30}$$

对于式（3.30）保留前面 k 个重要的主成分，其余的主成分用 ε_i 代替，则式（3.30）可以转换为：

$$X = \begin{cases} X_1 = b_{11}Y_1 + b_{21}Y_2 + \cdots + b_{k1}Y_k + \varepsilon_1 \\ X_2 = b_{12}Y_1 + b_{22}Y_2 + \cdots + b_{k2}Y_k + \varepsilon_2 \\ \qquad\qquad\qquad\vdots \\ X_m = b_{1m}Y_1 + b_{2m}Y_2 + \cdots + b_{km}Y_k + \varepsilon_m \end{cases} \tag{3.31}$$

式（3.31）和因子模型相一致，最后把主成分变为方差为 1 的变量，令 $F_i = Y_i / \sqrt{\lambda_i}$，$a_{ij} = \sqrt{\lambda_j} b_{ji}$，$\lambda_i$ 为相关矩阵特征值的平方根，则式（3.31）变为：

$$\boldsymbol{X} = \begin{cases} X_1 = b_{11}F_1 + b_{12}F_2 + \cdots + b_{1k}F_k + \varepsilon_1 \\ X_2 = b_{21}F_1 + b_{22}F_2 + \cdots + b_{2k}F_k + \varepsilon_2 \\ \qquad\qquad\qquad\vdots \\ X_m = b_{m1}F_1 + b_{m2}F_2 + \cdots + b_{mk}F_k + \varepsilon_m \end{cases} \tag{3.32}$$

式（3.32）符合因子模型。

（2）因子旋转降维。

载荷因子刻画了公共因子与原始变量之间的关联度，通过因子旋转能够找到一组合适的因子，使因子接近于 0 或者远离于 0，当载荷 a_{ij} 接近于 0 时，表示 X_i 与 F_j 的相关性很弱，而绝对值大的载荷则很大程度上解释了 X_i 的变化。因子旋转分为正交旋转和斜交旋转。正交旋转有初始载荷矩阵 $\boldsymbol{A}$ 右乘一正交阵得到，且旋转后的公共因子依然能保持相互独立的性质，正交阵由最大方差法确定，记 b_{ij} 为 $n \times k$ 矩阵 $\boldsymbol{B}$ 的第 i 行、第 j 列元素，最大方差 VARIMAX 的定义为：

$$V = \sum_{l=1}^{n} \left[\frac{1}{n} \sum_{j=1}^{k} a_{ij}^4 - \left(\frac{1}{n} \sum_{j=1}^{n} a_{ij}^2 \right)^2 \right] \tag{3.33}$$

则正交矩阵 $\boldsymbol{E}$ 为：

$$\boldsymbol{E} = \mathrm{argmax}\, V\,(\boldsymbol{E}) \tag{3.34}$$

因子旋转后的载荷矩阵表示为 $\boldsymbol{C}$：

$$\boldsymbol{C} = \boldsymbol{BE} \tag{3.35}$$

将脱水装置采集的数据集带入式（3.35）计算出载荷矩阵 $\boldsymbol{B}$，取载荷矩阵的平方做热力图，如图 3.15 所示。由图 3.15 可知，公共因子 2 和 K100_LIC_303（吸收塔液位控制阀开度）及 K100_LI_303（吸收塔液位）有较强的关联性，公共因子 3 和 K100_LI_306（缓冲罐液位）及 K100_TI_310（重沸器后端温度）有较强的相关性，则可以称公共因子 1 为吸收塔液位因子，公共因子 2 可称为重沸器下游因子。

（3）计算降维后的数据。

因子分析是使用维度比原数据低的公共因子得分去描述原数据的观测值。但由于载荷矩阵 $\boldsymbol{B}$ 不可逆，所以不能求得公共因子用原始变量表示的精确线性组合，而是使用回归的方法求出线性组合的估计值，以原始变量为自变量，在加权最小二乘法下求得因子得分 $\hat{F}$ 表达式为：

$$\hat{F} = \boldsymbol{B}' \boldsymbol{R}^{-1} \boldsymbol{X} \tag{3.36}$$

式中：B' 为旋转后的因子载荷矩阵；R^{-1} 为原始变量的相关矩阵的逆矩阵；X 为原始变量矩阵。

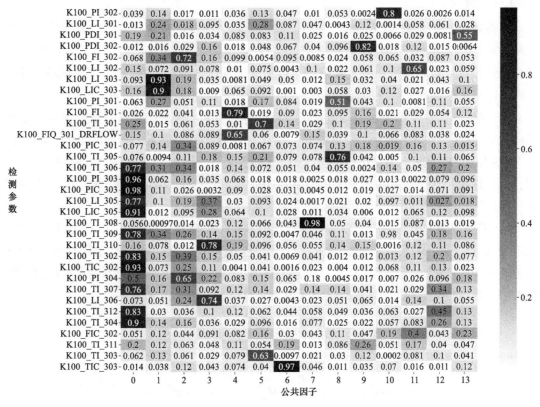

图 3.15　因子载荷热力图

3.4.2　特征融合

信息融合分为三个层次，分别是数据层融合、特征融合以及决策层融合。特征融合是属于中间层次的融合。特征融合相比于其他两个层次的融合，能够实现信息压缩，有利于实时处理。目前大多数 C^3I 系统（指挥自动化技术系统）的数据融合都是在特征层展开信息融合的。

特征融合过程如图 3.16 所示。

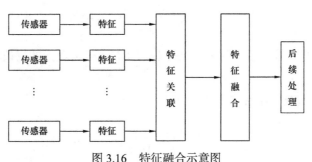

图 3.16　特征融合示意图

常用的特征融合算法有贝叶斯估计法、卡尔曼滤波法、D-S（Dempster-Shafer）证据合成法和模糊融合法、神经网络法、遗传算法和聚类分析法等。

（1）神经网络法。

神经网络法是一种模拟人脑产生的一种特征融合的算法，通过调整、训练使一个特定的输入导致一个指定的输出，网络通过不断地比较输出值和目标值，直到网络的输出和目标值接近一致或者满足一定误差范围内后结束训练。神经网络的学习规则多种多样，下面介绍常用的反向传播（Back Propagation，BP）神经网络。

BP神经网络遵循误差逆向传播算法进行训练的多层前馈网络。该网络对输入和输出的映射关系学习能力比较强大，且能够存储这种映射关系，以达到特征融合的目的。其学习过程由前向计算、误差逆传播两个过程组成，学习结束之后，神经网络获得一组最佳权值，这组最佳权值为评价模型的参数。BP神经网络算法本质上是以误差的平方和作为目标函数，按照梯度下降求其目标函数达到最小值的算法。

BP神经网络的结构一般由输入层、隐含层和输出层构成，以二层BP神经网络为例，设输入为 $X=(x_1, x_2, \cdots, x_{N_1})$，输入层神经元有 N_1 个，隐含层内神经元有 N_2 个，输出层内有神经元 N_3 个，输出为 $O=(o_1, o_2, \cdots, o_{N3})$，$W^1$ 和 b^1 为输入层到隐含层的权重和偏置信，W^2 和 b^2 为隐含层到输出层的权重和偏置值，如图 3.17 所示。

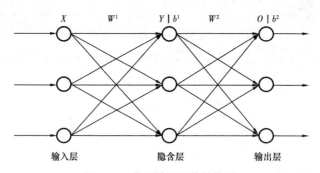

图 3.17　典型神经网络结构图

BP算法的数学描述如下：

① 正向传播过程。

隐含层第 j 个神经元的输出为：

$$y_j^1 = F\left(\sum_{i=1}^{N_1} w_{ji}^1 x_i + b_i^1\right) \quad (i=1,2,\cdots,N_1) \tag{3.37}$$

式中，w_{ji}^1 为输入层的 i 号神经元到第一层（隐层）的 j 号神经元的权值，右上角数字角标代表相对应的层数。

$F(\cdot)$ 为激活函数，通常取为 Sigmoid 型函数：

$$F(x) = \frac{1}{1+e^{-x}} \tag{3.38}$$

输出层第 k 个神经元的输出为：

$$o_k^2 = F\left(\sum_{j=1}^{N_2} w_{kj}^2 y_j^1 + b_k^2\right) \quad (j = 1, 2, \cdots, N_2) \tag{3.39}$$

式中，w_{kj}^2 为第一层的 j 号神经元到第二层（输出层）的 k 号神经元的权值。

误差函数为：

$$E(W, B) = \frac{1}{2}\sum_{k=1}^{N_3}(t_k - o_k)^2 \quad (k = 1, 2, \cdots, N_3) \tag{3.40}$$

② 误差反向传播和权值更新。

隐含层第 j 个神经元到输出层第 k 个神经元的权值变化为：

$$\Delta w_{kj}^2 = -\eta\frac{\partial E}{\partial w_{kj}^2} = -\eta\frac{\partial E}{\partial o_k^2}\frac{\partial o_k^2}{\partial w_{kj}^2} \tag{3.41}$$

输入层第 i 个神经元到隐含层的第 j 个神经元的权值变化为：

$$\Delta w_{ji}^1 = -\eta\frac{\partial E}{\partial w_{ji}^1} = -\eta\frac{\partial E}{\partial o_k^2}\frac{\partial o_k^2}{\partial y_j^1}\frac{\partial y_j^1}{\partial w_{ji}^1} \tag{3.42}$$

BP 神经网络的训练流程图如图 3.18 所示。

样本通过隐含层到输出层最后得到预测值，预测值会与目标值进行对比，如果达不到期望的误差值，则会从输出层返回到隐含层修改相应的权值，然后再次进行训练，循环上述过程直到满足期望误差或者达到循环次数停止。这种修改权值的过程称为"误差逆传播"。BP 神经网络正是通过这种误差逆传播的方式提高网络的学习效率和正确输出响应的能力。整个网络中存在这两种信号：向前传播的工作信号以及向后传播的误差信号。

同时，BP 神经网络的式（3.37）和式（3.39）可以看成是 N_1 维的数据向 N_2 维的空间进行映射。

（2）遗传算法。

遗传算法（Genetic Algorithm，GA）是模仿自然界自然选择和基因遗传的原理而发展起来的一种随机全局搜索和优化方法。根据"适者生存，优胜劣汰"的自然进化原理，经过多代繁衍，产出一个越来越好的种群。在每一代

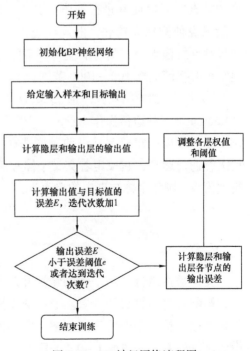

图 3.18　BP 神经网络流程图

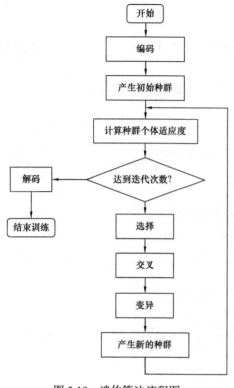

图 3.19　遗传算法流程图

中，对群体中的个体通过适应度函数的计算和遗传操作的筛选，根据个体适应度的优劣选择一部分优良个体，并对其进行交叉、变异操作，产生新解集合种群，使新个体在继承父代的基础上更优于父代，种群中个体的适应度值逐步提高，直到满足一定的控制条件为止。

遗传算法的算法流程包括 5 个方面：选择编码方法，产生初始种群，设计选择、交叉和变异三种遗传算子，设计适应度函数和设计终止条件。遗传算法流程图如图 3.19 所示。

① 选择编码方法。遗传算法不能直接处理解空间的数据，需要通过编码将解空间数据转换成为搜索空间的基因型串结构数据。编码方法对算法搜索能力、种群多样性等性能有巨大的影响，需要根据实际的需求选择不同的编码方法。常用的编码方法有二进制编码、实数编码、浮点编码、顺序编码等。

② 产生初始群体。遗传算法是一种基于种群寻优的方法，需要为其准备一个由若干初始解组成的搜索空间以便其进行搜索。其中种群规模是算法是否陷入局部解的重要控制因素。一般来说种群越大越好，但规模越大，会增加算法的负荷，导致迭代时间增长；反之，如果种群规模太小，则可能使种群不能够代表整个解空间，导致无法搜索到全局最优值。通常种群规模选择 100～1000 范围。

③ 设计遗传算子。遗传算法包括选择（Select）、交叉（Crossover）和变异（Mutation）三种遗传操作。

选择是以一定概率从当前种群选择一部分个体的操作，将这一部分个体遗传到下一代进行遗传运算，它决定着交叉个体和后代的数量。对于个体 i，设其适应度为 F_i，种群规模为 N，则该个体被选中的概率为：

$$P_i = \frac{F_i}{\sum_{i=1}^{N} F_i} \tag{3.43}$$

交叉是指组合两个个体的特性并产生新的两个新个体的操作，是遗传算法的核心算子，影响着遗传算法的收敛。通过交叉操作能够使子代继承父代中已有但是未被选中的优良基因，扩大了遗传算法在解空间的搜索范围。记各代中交叉产生的后代数与种群规模的比值为 P_c，一般取 $P_c=0.4\sim0.99$。

变异操作的本质是一种随机操作。变异操作一方面是改善算法的局部搜索能力，对搜索空间的局部进行深度搜索，加速向最优解的收敛；另一方面则是可以保持群体的多样性，防止算法过快陷入局部最小值，出现未成熟的收敛现象。记种群中变异的基因数在总基因数中的百分比为 P_m，一般取 $P_m \in （0.001\sim0.1）$。

④ 设计适应度函数。适应度函数直接影响全局最优解的确定以及算法收敛的速度。适应度函数（又称为评价函数）来衡量个体在问题求解空间的优劣程度，适应度函数值越大，说明个体的适应度越高，越能够接近目标值，反之则越差。

适应度函数要求是非负并且越大越好，说明个体的优势明显。当优化简单问题时，通常可以将目标函数直接作为适应度函数；当需要优化复杂问题时，则需要额外构造适应度函数，使其适应遗传算法的求解。一般选择误差函数作为目标函数，误差越小，说明个体越接近目标，其适应度就越大。

⑤ 设计终止条件。

遗传算法的终止条件一般采用设定最大进化代数的方法，最大进化代数表示为 T，且一般取 $T \in （100\sim1000）$。

遗传算法是将特征融合转化为组合优化问题，通过解决优化问题从而得到最优的融合方案，生成了新的高级融合特征。

第4章　三甘醇脱水装置智能诊断技术

　　故障诊断技术基于监测数据进行异常识别及故障判定。传统的三甘醇脱水装置监测系统基于阈值进行异常判定，难以准确地定位故障；常规故障诊断技术依赖完备的仪器进行故障检测，过程烦琐且受操作人员的经验影响。本书提出的三甘醇脱水装置智能故障诊断技术，涉及自适应阈值、趋势检测、主成分分析、动态时间规整、案例库、符号有向图（SGD）等技术，基于生产监测数据进行异常检测与故障的识别，在提高故障诊断效率和准确性的同时，降低了人为因素的影响。

4.1　基于阈值的参数异常识别

4.1.1　阈值定义与设置

　　基于阈值的方法是异常识别最基本的方法，通过设定工艺监测参数的正常运行上限和下限，来进行异常识别。当参数在阈值内时，说明设备正常运行；当参数持续一段时间在阈值外运行时，说明设备处在异常状态。

　　上下限是基于阈值的方法识别异常方法的基础，一般通过经验或维护后正常运行值设定。对于正常运行的参数 x_t，其上下限用 th_u 和 th_d 表示，其原理如图 4.1 所示。

$$th_d \leqslant x_t \leqslant th_u \qquad (4.1)$$

　　基于阈值的方法分为单参数和多参数故障识别，对于单参数故障识别，只需判断单一参数的是否在阈值内运行，而对于多参数故障识别，则需要进行相关参数的逻辑判断，仅当所有条件均符合时，才满足识别条件。基于阈值的异常识别方法只能根据已有数据是否超阈值运行来识别异常，因此方法不能对异常做出提前预警。在三甘醇脱水装置典型故障中，结垢等故障的发生是十分缓慢的，此类故障对时效性要求不高，常使用基于阈值的方法识别故障。

　　目前三甘醇脱水装置的状态监测使用 Intouch 软件，该软件是通过基于阈值的方法实现脱水装置的状态监测与预警。由于缺乏故障识别逻辑，该软件通常只能针对参数报警，由人工判断是否出现故障，这降低了监测系统的智能性。且由于脱水装置是动态联动的系统，对于

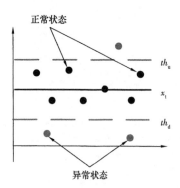

图 4.1　阈值法原理图

复杂故障，其异常发生时同时将引起许多参数发生变化，因此可能出现多参数同时报警的现象，不能定位故障源头。但该方法能够直观地反映参数的变化特性，可为监测人员提供有效的参数状态信息和识别长期缓慢发展等简单故障，因此基于阈值的识别方法也是三甘醇脱水装置状态监测与故障诊断中重要的方法。基于阈值的异常识别流程如图 4.2 所示。结合历史运维数据三甘醇脱水装置监测参数运行阈值设定见表 4.1。

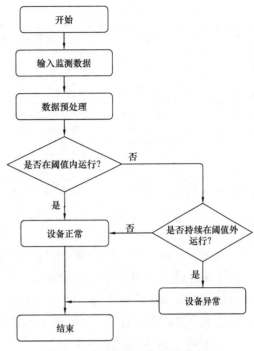

图 4.2　基于阈值的异常识别流程

4.1.2　工况识别与阈值自适应更新

4.1.2.1　工况识别

天然气脱水装置在运行过程中工况复杂多变，如果仅依靠人力监测，监测效率低；且由于脱水装置参数众多，过失性失误的概率将增加。而工况等因素对设备状态监测和评估有重要影响，例如在长期工作过程中设备的启停、更换、部件损坏、设备外部环境因素和原料气的含量变化都会造成设备运行过程中工作情况的变化。因此将监测设备得到的数据按照工况进行分割，对于建立不同的工况下的设备状态预测评估模型具有重要意义。

表 4.1　三甘醇脱水装置监测参数运行阈值设定

序号	参数名称	下阈值～上阈值	序号	参数名称	下阈值～上阈值
1	进装置压力（MPa）	4.9～5.2	11	计量温度（℃）	7～48
2	原料气分离器液位（%）	0～100	12	瞬时处理量（$10^4 m^3/d$）	0～125
3	过滤分离器差压（kPa）	0～50	13	压力控制阀开度（%）	0～100
4	吸收塔差压（kPa）	0～15	14	出吸收塔富甘醇温度（℃）	0～100
5	三甘醇循环量（L/h）	320～550	15	进闪蒸罐富甘醇温度（℃）	60～100
6	吸收塔磁浮子液位（%）	40～60	16	闪蒸罐压力（MPa）	0.3～0.55
7	吸收塔雷达液位（%）	40～60	17	闪蒸罐压力阀开度（%）	0～100
8	吸收塔液位阀开度（%）	0～100	18	闪蒸罐液位（%）	40～60
9	计量静压（MPa）	4.8～5.2	19	闪蒸罐液位阀开度（%）	0～100
10	计量差压（kPa）	0～36	20	板式换热器富甘醇温度（℃）	60～100

序号	参数名称	下阈值~上阈值	序号	参数名称	下阈值~上阈值
21	重沸器中部温度（℃）	175~202	28	出缓冲罐贫甘醇温度（℃）	40~110
22	重沸器后端温度（℃）	175~202	29	三甘醇入泵前温度（℃）	20~65
23	重沸器前端温度（℃）	175~202	30	循环泵变频器值（%）	0~100
24	重沸器温度阀开度（%）	0~100	31	灼烧炉炉膛温度（℃）	280~850
25	燃料气压力（kPa）	20~180	32	灼烧炉顶部温度（℃）	110~850
26	精馏柱顶部温度（℃）	83~100	33	灼烧炉温度阀开度（%）	0~100
27	缓冲罐液位（%）	45~85			

脱水装置的监测数据是多元时间序列数据，工况识别的目的就是分割监测的数据，在不同工况条件下使用不同的分析模型，可以使异常监测更加精确，降低误判的概率。多元时间序列的分割方法有多种，例如基于PCA的数据分割，基于模糊C-均值聚类等。这里根据脱水装置的实际情况，介绍PCA与DBSCAN聚类两种多元时间序列分割的方法。

（1）基于PCA的数据分割。

令多元时间序列$T=\{x_k=[x_{1,k}, x_{2,k}, x_{3,k}, \cdots, x_{n-1,k}, x_{n,k}]^T|1\leq k\leq N\}$，其中，$k$为采样的时间点，$n$为特征序号，令$S(a, b)=\{a\leq k\leq b\}$，则$x_{S(a,b)}$对应$x_a, x_{a+1}, \cdots,$ x_b。从而，设$S_T^c=\{S_i(a_i, b_i)|1\leq i\leq c\}$，代表若$T$共分为$c$段，那么第$i$段的位置，其中$a_i=b_{i-1}+1$。定义损失函数：

$$\text{cost}\left(S_T^c\right)=\sum_{i=1}^{c}\text{cost}\left(S_i\right) \tag{4.2}$$

式中，如果设每个节点的坐标为$s_1<s_2<\cdots<s_c$，则$S_i=S(s_i, s_{i+1}-1)$。基于PCA的多元时间序列数据分割算法见表4.2。

表4.2 基于PCA的多元时间序列数据分割算法

多元时间序列分割算法
输入：多元时间序列，所希望的最终分段数c
输出：分段节点坐标
① 创建一个初始的精细分段，每一段记为$S(a_i, b_i)$，设现有段数为l
② 计算$\text{cost}(S(a_i, b_i))$
③ 当$l>c$
搜寻$\min(\text{cost}(S(a_i, b_i)))$
将$\text{argmin}(\text{cost}(S(a_i, b_i)))$与$i+1$或$i-1$融合
结束

在该算法中，基于重构误差以及统计量误差的损失函数定义为：

$$\text{cost} = \text{cost}_{T^2} + \text{cost}_Q \tag{4.3}$$

其中 cost_Q 为矩阵重构误差，cost_{T^2} 为 Hotelling 统计损失。其为 T 统计量在多元序列下的扩展，在各领域已有广泛运用。

对于多元时间序列数据，矩阵重构误差为：

$$\text{cost}_Q\big(S_i(a_i,b_i)\big) = \frac{1}{b_i - a_i + 1}\sum_{k=a_i}^{b_i} Q_{i,k} \tag{4.4}$$

$$Q_{i,k} = \min_{\hat{x}_i}\sum\|x_i - \hat{x}_i\|_2 = \min_{\hat{x}_i}(x_k - \hat{x}_i)^T(x_k - \hat{x}_i) = x_k^T\big(I - U_{i,p}U_{i,p}^T\big)x_k \tag{4.5}$$

式中：I 为单位向量；$U_{i,p}$ 为多元时间序列段的自协方差矩阵经 PCA 降维后的特征向量矩阵。

Hotelling 统计损失为：

$$\text{cost}_{T^2}\big(S_i(a_i,b_i)\big) = \frac{1}{b_i - a_i + 1}\sum_{k=a_i}^{b_i} T_{i,k}^2 \tag{4.6}$$

$T_{i,k}^2 = y_{i,k}^T y_{i,k}$ 为多元序列的总损失，且：

$$y_{i,k} = \Lambda_{i,p}^{-\frac{1}{2}} U_{i,p}^T x_k \tag{4.7}$$

（2）DBSCAN 聚类。

DBSCAN（Density-Based Spatial Clustering of Applications with Noise），即基于密度的聚类方法，由于其出色的性能，在各个领域都有广泛的运用，有两个特点：

① 聚类时不需要预估簇的个数；

② 簇的个数由算法决定。

给定邻域内最小数据点数 MinPts，DBSCAN 将数据定义为 3 种类型：

① 核心点，即核心的领域 ε 内含有超过给定邻域内最小数据点数 MinPts；

② 边界点，即点在其邻域 ε 内的数据点数量小于 MinPts，但位于核心点邻域内；

③ 噪声点，即不符合①②两个定义的点。

DBSCAN 如果给定参数 MinPts=0，那么将不

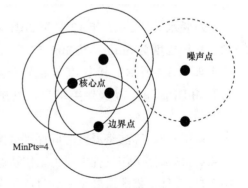

图 4.3　DBSCAN 聚类展示

删除噪点，且无须指定聚类数，这对于片段进行聚类是相对合适的。DBSCAN 聚类算法中，距离度量方式的选择尤为重要，这里使用了基于相似性的距离度量方式。

基于来衡量两个矩阵距离，即利用特征值与特征向量，由于特征向量代表着矩阵的主次方向，显然用其来衡量矩阵距离在数学上是合理的，本质上是利用两个矩阵的线性

相似性衡量两个矩阵的距离。Johannesmayer 对 PCA 相似性因子进行了改进，用特征值的平方根，对特征向量进行加权。

$$S_{\text{PCA}}^{\lambda}\left(\boldsymbol{X}_n, \boldsymbol{Y}_n\right) = \frac{\sum_{i=1}^{p}\sum_{j=1}^{p}\left(\lambda_i^{X_n}\lambda_j^{Y_n}\right)\cos^2\left(\Theta_{i,j}\right)}{\sum_{i=1}^{p}\lambda_i^{X_n}\lambda_i^{Y_n}} \tag{4.8}$$

式中：$\lambda_i^{X_n}$ 与 $\lambda_i^{Y_n}$ 分别代表了矩阵 $\boldsymbol{X}_n$ 和 $\boldsymbol{Y}_n$ 的特征值；$\Theta_{i,j}$ 代表 $\boldsymbol{X}_n$ 的第 i 个主方向和 $\boldsymbol{Y}_n$ 的第 j 个主方向之间的夹角。

由以上得出，用于 DBSCAN 聚类的距离公式为：

$$d\left(X_n,\ Y_n\right) = 1 - S_{\text{PCA}}^{\lambda}\left(X_n,\ Y_n\right) \tag{4.9}$$

基于相似性度量的 DBSCAN 聚类流程见表 4.3。

表 4.3　基于相似性度量的 DBSCAN 聚类流程

DBSCAN 算法步骤
输入：数据集
ε：邻半径
MinPts：邻域内最小数据点数
距离度量方法
输出：分类
① 搜索数据集中未被查询过的数据点 p，若 p 未被归类，则检查其在（本章节叙述的度量方法下定义的距离）的 ε—邻域，若包含的对象数不小于 MinPts，则建立新簇 C，将邻域内点归入候选集 N
② 对候选集 N 中未被查询的对象 q，检查其 ε—邻域，若至少包含 MinPts 个对象，则将这些对象加入 N；如果 q 未归入簇，将 q 加入 C
结束

对脱水装置 2015 年 12 月至 2018 年 11 月的重沸器中部温度等 3 个监测参数进行分割，采样周期为 5min，共 309353 个数据点。对数据滑动窗口滤波以及标准化后的分割结果如图 4.4 所示，其中 PCA 初始分割段数为 250 段，以及最终段数为 150 段。图 4.5 为利用 DBSCAN 方法聚类结果，其中邻域内最小数据点数 MinPts 为 2，搜索半径为 0.05。

由图 4.5，算法将温度时间序列分割为 3 类。结合生产日志，其工况分割具体情况见表 4.4。重沸器工作过程主要为工作状态和停机状态，另外，在 2017 年 3 月 13 日至 2017 年 3 月 23 日，重沸器处于一种过渡状态，推测可能是因为设备异常、设备工况参数调试等原因造成的。

4.1.2.2　自适应更新的算法

异常值探测旨在找出海量数据中不符合一般特性的数据点，即异常点，在大数据分析领域中的应用十分广泛。阈值是异常点识别的关键，不同的阈值对异常探测的结果有着很大的影响。传统的异常点探测阈值设定多基于专家经验，具有一定的主观性与片面性，而且在大数据环境下，人工设定的方法已经不能满足海量高维数据的异常点探测需求。

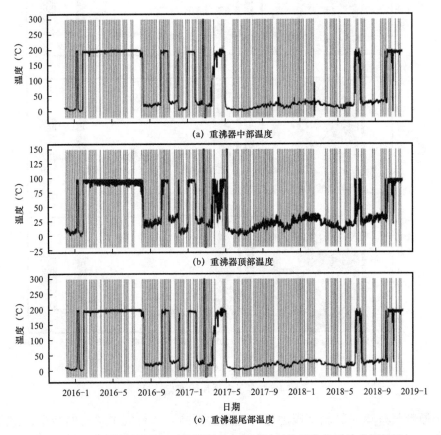

图 4.4 多元时间序列分割（数据滑动窗口滤波以及标准化后的分割结果）

表 4.4 工况分割表

起始时间	终止时间	重沸器状态
2015-12-1	2016-1-7	停机状态
2016-1-7	2016-1-20	短暂的工作状态然后停止
2016-2-5	2016-8-11	工作状态
2016-10-7	2016-10-28	工作状态
2016-12-31	2017-1-25	工作状态
2017-3-13	2017-3-23	过渡状态
2017-3-23	2017-4-23	工作状态
2017-4-24	2018-6-27	停机状态

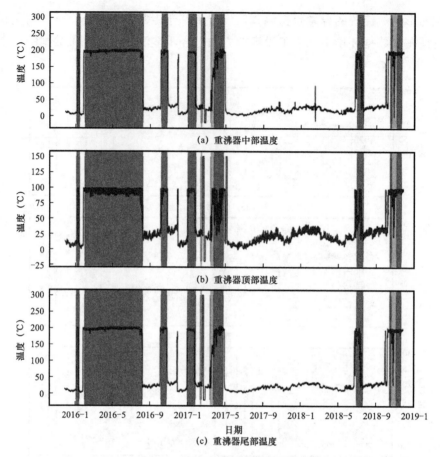

图 4.5　多元序列片段聚类结果

由于原料气采集时的温度压力等环境因素不同，原料气中含有的杂质、游离水等也不尽相同。原料气的不同会引起一系列的工况变化，当游离水增多时，三甘醇脱水负荷增加，脱水后富甘醇浓度降低，为了达到设定的贫甘醇浓度，重沸器的温度便会升高。若此时还是按照原来的阈值进行异常值判断，则很可能因为工况变化而影响判断的结果。因此异常点阈值的自适应更新就显得尤为重要。根据多元时间序列的分割结果，在不同的工况下对阈值进行自适应更新。

假设有 n 个监测参数，表示为 $X_t = (x_{t1}, x_{t2}, \cdots, x_{tn})$，对于其中某一维度的监测参数新阈值中心 x'_{tn} 由式（4.10）求得：

$$x'_{tn} = \frac{\sum\limits_{i=i}^{z} x_i}{z} \tag{4.10}$$

式中：z 为最新监测数据的个数，对应不同的监测参数，应取合适的 z 值。

所以更新后的阈值中心为 $X'_t = (x'_{t1}, x'_{t2}, \cdots, x'_{tn})$。再由 4.1.1 小节的方法判断异常值。

4.2 基于趋势检测的异常识别

相比于基于阈值的异常识别，基于趋势检测的异常识别能够发现一些潜在的异常和故障，有利于异常的早期预防。

基于趋势检测的异常识别是以检测参数的最新数据作为分析的依据，求得当前参数的变化状态。参数的变化状态可以分为 3 种：趋势上升、趋势下降和稳定不变。趋势上升和趋势下降都代表着检测参数有可能即将超出阈值，出现异常；稳定不变则表示检测参数没有变化。检测参数的趋势变化可以使用参数检测值和时间序列的线性拟合求得。

检测参数处于稳定不变的状态时，设检测参数在这一时刻的异常检测拟合表达式为：

$$y(t) = f(t) = kt + b \qquad (4.11)$$

式中：k 为当前检测参数在一段时间内的变化率；t 为时间。

设检测窗口大小为 L，使用最小二乘法拟合窗内数据，求得表示检测参数变化趋势参数 k：

$$\begin{cases} k = \dfrac{\sum\limits_{i-1}^{L}(t_i - \bar{t})(y_i - \bar{y})}{\sum\limits_{i-1}^{L}(t_i - \bar{t})} \\ b = \bar{y} - k\bar{x} \end{cases} \qquad (4.12)$$

式中：y 为时间序列对应的检测参数。

并计算得到误差为：

$$\Pi = \sum_{i=1}^{L}\left[y_i - (kt_i + b)\right]^2 \qquad (4.13)$$

趋势检测的流程为，选取包含最新检测数据的长度为 L 的数据序列，将新数据加入数据窗，同时将数据窗的最后一个数据移除，然后进行拟合并计算误差 Π。误差 Π 与设置的误差阈值进行比较，若在阈值内，则可以认为这段数据的趋势用式（4.11）表示是可接受的。若误差不在误差阈值内，则说明可能出现了故障，当前数据使用式（4.11）来描述已经不合适，并发出异常警告。其中用于检验拟合的误差阈值取决于检测参数本身，可使用稳态情况下的方差，不同的检测参数阈值应根据具体情况的不同来设置。同样，数据窗的长度也要根据不同个监测参数特点来设置。

基于阈值的异常识别和基于趋势检测的异常识别都能够在一定程度上通过检测参数识别出异常，但是都存在一定的缺陷。基于阈值的参数异常识别在识别时过于迟缓，检测到超出阈值时已经产生了异常，不利于异常的早期预防。而趋势监测的缺陷在于故障发生后检测参数进入平稳的状态，趋势检测就完全失效。在实际应用中应该将它们结合起来，趋势检测用于早期预防，当检测参数进入稳态之后，采用阈值的方法进行一场状态经检测，弥补趋势检测的不足。

两种方法融合识别的流程如图 4.6 所示。

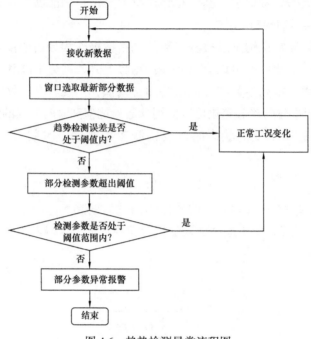

图 4.6 趋势检测异常流程图

4.3 基于 PCA 的参数异常识别

PCA 是一种多元统计方法，其方法实质为将高维数据通过矩阵变换，提取数据的主成分，忽略次要成分，降低矩阵维度，因而又被称为主成分分析法，适用于高维和包含噪声的数据设备系统。使用 PCA 方法进行异常识别的思想为：首先，基于对正常运行条件下的历史数据进行训练，建立 PCA 异常识别模型；然后，通过 T^2 和 SPE 统计量针对设备系统的新产生的实时数据进行监控和故障诊断。T^2 和 SPE 统计量可实时监测设备子系统的状态，在设备故障早期，由于参数的连续变化，PCA 方法可提前识别设备系统的异常变化，因此 PCA 方法具有故障趋势预警能力，在故障早期识别异常。

主成分智能监测异常识别分别包括系统异常识别、模型自动更新和参数异常识别三个部分，其流程图如图 4.7 所示。该智能监测异常识别方法：

（1）融合主成分异常监测、主成分统计量异常监测及阈值法，三者互为验证，实现对脱水装置复杂多样的故障智能监测，提高异常诊断准确率，降低警告虚报情况；

（2）模型自适应更新，保障训练基准数据跟随工况实时更新，提高异常识别模型的泛化能力及适应能力，提高异常智能监测精度；

（3）融合基于主成分统计量累计残差贡献的异常参数识别方法，识别异常参数，为后续自动诊断提供基础。

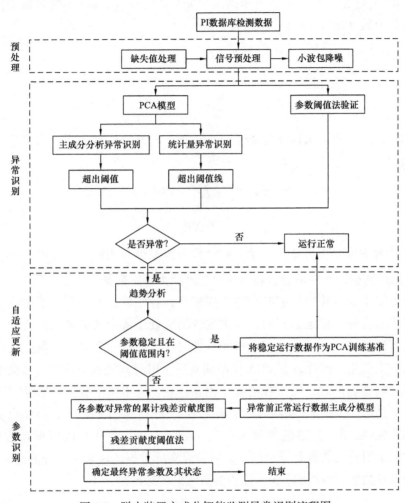

图 4.7　脱水装置主成分智能监测异常识别流程图

4.3.1　基于主元的异常识别

设脱水装置设备子系统有 m 个监测参数，共有 n 个历史监测样本作为模型训练数据，即 $\boldsymbol{X}^{*}=\left[\,x_{1}^{*},\ x_{2}^{*},\ \cdots,\ x_{m}^{*}\,\right]\in R^{n\times m}$，建立 PCA 统计模型。对历史数据 $\boldsymbol{X}^{*}$ 进行标准化处理得到 $\boldsymbol{X}=\left[\,x_{1},\ x_{2},\ \cdots,\ x_{m}\,\right]$，计算 $\boldsymbol{X}$ 的协方差矩阵：

$$C = \frac{1}{n-1}\boldsymbol{X}^{\mathrm{T}}\boldsymbol{X} = \bar{\boldsymbol{P}}\bar{\boldsymbol{\Lambda}}\bar{\boldsymbol{P}}^{\mathrm{T}} \tag{4.14}$$

式中：$\bar{\Lambda}=\begin{bmatrix} \Lambda & 0 \\ 0 & \tilde{\Lambda} \end{bmatrix}$ 为按降序排列组成的 C 的 m 个特征值；$\Lambda=\lambda_{1},\ \lambda_{2},\ \cdots,\ \lambda_{d}$ 为前 d 个特

征值；$\bar{P}=[P,\tilde{P}]$ 为 $\bar{\Lambda}$ 对应的特征向量；$P\in R^{m\times d}$ 为主成分载荷矩阵；$\tilde{P}\in R^{m\times(m-d)}$ 为残差载荷矩阵，$R^{m\times d}$ 和 $R^{m\times(m-d)}$ 分别表示维度为 $m\times d$ 和 $m\times(m-d)$ 的实数矩阵，R 表示实数。主成分个数 d 由式（4.15）得到：

$$\frac{\sum_{i=1}^{d}\lambda_i}{\sum_{i=1}^{m}\lambda_i}\geqslant\omega \tag{4.15}$$

式中 $\omega\in[0,1]$，表征了保留 X 原始信息的比例，取 0.85。对 X 进行奇异值分解，得到 PCA 统计模型：

$$X=TP^T+\tilde{T}\tilde{P}^T=TP^T+E \tag{4.16}$$

$$T=XP \tag{4.17}$$

式中：$T\in R^{n\times d}$ 为主成分得分矩阵，$\tilde{T}\in R^{n\times(m-d)}$ 为残差得分矩阵，E 为残差矩阵。PCA 统计模型忽略原始数据的次要成分，将高维数据降维为低维数据。

主成分提取了脱水装置所有参数的主要信息，各主成分曲线反映了主成分随时间波动的情况。当系统处于稳定运行时，各主成分值应处于各主成分曲线附近，随着时间推移，在一定范围里波动。当脱水装置出现异常时，所监测的参数值会发生变化，主成分值也会随之发生变化。因此，在 PCA 模型建立后，可对监测数据的主成分值进行监测以识别系统异常状态。同时，由于各主成分相互独立，可采用单变量阈值等方法来判断各主成分值是否异常。采用 3σ 法则等方法确定主成分的允许运行范围，并结合实际效果不断优化阈值。3σ 法则认为随机参数落在 $[\mu-3\sigma, \mu+3\sigma]$ 范围里的概率高达 99.7%，从而认为落在该范围外的数据是异常的。最后结合实际数据，优化主成分的允许运行范围，其中 μ 为随机参数数据的均值，σ 为随机参数数据的标准差。

4.3.2 基于主元统计量的异常识别

在建立 PCA 模型后，除通过 3σ 法进行异常识别外，还可通过两个统计量 T^2 和 SPE 用于异常状态识别。SPE 和 T^2 分别用于衡量主成分模型的有效程度和系统过程的可控水平，此时两者均能维持在一个平稳波动的状态。当脱水装置出现异常而偏离正常运行范围时，各监测参数的幅值发生变化，各参数之间的相关性也会遭到破坏，造成 T^2 和 SPE 统计量值变大，逐渐超出各自阈值限。因此可以计算在线监测数据的 T^2 和 SPE 统计量值，与 T^2 和 SPE 统计量的阈值限进行比较，从而判断当前阶段脱水系统是否出现异常。同时也可以通过 3σ 法确定主成分的运行范围而识别系统异常。

T^2 和 SPE 统计量分别定义为：

$$T^2=x^TP\Lambda^{-1}P^Tx \tag{4.18}$$

$$SPE=||(\boldsymbol{I}-\boldsymbol{PP}^{\mathrm{T}})\,\boldsymbol{x}||^2 \qquad (4.19)$$

式中：$\boldsymbol{I}$ 为单位矩阵；$\boldsymbol{x}\in\boldsymbol{R}^{m\times1}$ 为标准化的新样本，当 T^2 和 SPE 统计量位于控制限内时，该设备系统正常，否则设备异常，T^2 和 SPE 统计量的控制限 T_α^2 与 Q_α 分别利用 F 分布和 χ^2 分布确定。

对于多参数组成的系统，通过 T^2 和 SPE 统计量识别出了系统异常后，可根据参数 SPE 的贡献度识别异常参数，第 i 个参数对 SPE 统计量的贡献度为：

$$E\,(SPE)_i=||((\boldsymbol{I}-\boldsymbol{PP}^{\mathrm{T}})\,\boldsymbol{x})_i||^2 \qquad (4.20)$$

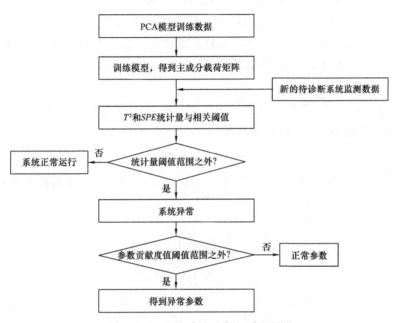

图 4.8　PCA 统计量异常识别流程图

通过对贡献度设定阈值限而判断异常参数，当大于上阈值限或低于下阈值限时参数异常，其中上限阈值选取范围为 $\sqrt{Q_\alpha/m}\sim\sqrt{Q_\alpha}$，下限阈值选取范围为 $-\sqrt{Q_\alpha}\sim-\sqrt{Q_\alpha/m}$，并为后文的符号有向图（Signed Directed Graph，SDG）提供故障推断的参数起点。为避免单条样本数据产生随机误差对故障识别造成影响，常选取长度为 n' 的数据为新样本进行识别，即对标准化的 $\boldsymbol{x}_t\in\boldsymbol{R}^{m\times n'}$，按式（4.18）至式（4.20）对每条数据 $j=1,\ 2,\ \cdots,\ n'$ 进行识别，然后求和得到最终的统计量值和参数贡献度值，此时相应的阈值扩大为原阈值的 n' 倍。图 4.8 为 PCA 统计量异常识别流程，通过 PCA 异常识别得到设备子系统和相关参数的状态。

4.3.3　基于趋势分析的模型自适应更新

PCA 模型异常识别的准确性依赖于模型的训练数据，当脱水装置发生异常后，脱水系统的控制条件和监测参数状态将发生改变，对于新的监测数据，其分布已与原有的训练数据的分布不同，这将导致 PCA 模型失效。因此当设备发生异常后，为适应新的数据，必须对 PCA 的训练基准数据进行自适应更新，以保证智能监测的准确性。

三甘醇脱水装置在运行过程中是多参数联动的动态系统，在生产中需建立一个动态平衡状态，当某个环节出现故障时将破坏平衡，但要重新建立一个新的平衡状态则需要一定时间，期间将影响脱水效果，因此若脱水装置生产过程中出现故障，会有较多参数受到影响，但影响程度不同。脱水装置的平衡状态由相应的控制阀门自动调节，使脱水装置自动处于一个平衡状态，因此，在新的状态下，相关参数恢复到正常状态，而故障参数还未修复而继续处于故障状态。如过滤分离器堵塞，导致吸收塔差压、瞬时处理量等参数变小，由于通过相关阀的自动调节，使吸收塔差压又恢复到正常状态，此时只有过滤分离器参数异常，而其他参数都恢复到正常状态。为实现 PCA 训练基准的自适应更新，本节利用三甘醇脱水装置动态调节的特性，提出基于阈值和趋势分析的 PCA 异常识别模型的训练基准更新的方法。

趋势分析反映了工艺参数的趋势变化，对于时间长度为 L 的监测参数，可通过线性拟合的方式判断数据平稳性，线性模型表示为：

$$y(t)=at+b \tag{4.21}$$

式中：$y(t)$ 是工艺参数的观测值，$t=1, 2, \cdots, L$；a 是反映了工艺参数的变化趋势的斜率；b 是截距。a 和 b 可由式（4.22）求得：

$$\begin{cases} a = \dfrac{\sum\limits_{i=1}^{L}(t_i - \bar{t})(y_i - \bar{y})}{\sum\limits_{i=1}^{L}(t_i - \bar{t})^2} \\ b = \bar{y} - a\bar{t} \end{cases} \tag{4.22}$$

斜率反映了工艺参数的变化趋势，当设备平稳运行时，当选取合适的时间长度时，其斜率将趋于 0，否则工艺参数处于上升或下降趋势中。因此，设定趋势变化阈值 th_a 判断工艺参数变化情况，同时通过 "0""+""–" 记录参数状态。阈值判断和参数状态标记见表 4.5。

表 4.5　阈值判断和参数状态标记

阈值判断	工艺参数状态	参数状态标记
$\|a\| < th_a$	稳定	"0"
$a > \|th_a\|$, $a < 0$	下降趋势	"+"
$\|a\| > th_a$, $a > 0$	上升趋势	"–"

当设备参数异常发生时，其值可能突然快速变化，而最后会在一个值附近趋于稳定，如泄漏、堵塞等异常，出现泄漏后对应参数将在某值附近稳定，这个过程对应斜率的趋势变化表现为钟形曲线变化，即异常发生且对应参数稳定后，其变化趋势也趋于稳定。因此，

斜率的趋势变化仅反映了参数是否出现较大的趋势变化，无法判断工艺参数稳定后是否在正常的阈值范围内运行。而通过阈值和趋势变化相结合，可判断是否达到 PCA 训练基准的正常范围内稳定运行的更新条件。其更新过程如图 4.9 所示。

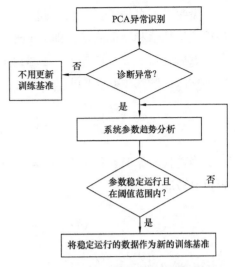

PCA 多元统计模型识别了设备异常和设备中的异常参数，同时趋势分析通过分析工艺参数的变化记录了设备系统工艺参数的变化状态表，这两者为符号有向图 SDG 模型提供定位故障源的基础。

图 4.9　PCA 训练基准更新流程图

4.3.4　基于增量学习的模型自适应更新

增量学习的概念是相对于批量学习的概念提出的。随着机器学习和人工智能的迅速发展，已经有许多的批量学习的算法，这些算法适用于能够一次性获得所有样本数据的情况下进行学习。学习完给定的数据，学习的过程就结束了，模型也就确定了下来，这就是批量学习。但是在实际生产过程中，数据往往不能一次性全部获得，而是源源不断地产生新的数据，前后的样本数据可能会随着事件的发展而产生变化，这类问题被称为增量式问题。如果在获得新的数据时，对所有的数据重新学习，那么将耗费大量的时间和资源，并且随着时间的延长，数据量增多也会对计算机的算力和存储造成一定的压力。

增量学习是用来解决不断有新数据不断产生的问题。增量学习可以使得对已经学习到的模型进行更新和修正，使得更新后的模型能够更好地适应新的数据集。增量学习的意义在于能够适应目前信息量爆发式增长的情况。批量学习是静态的，当数据不断地增长，批量学习的模型就逐渐地被淘汰了，而增量学习能够动态地更新模型，能够很好地解决数据实时更新的增量式问题。这里介绍典型的关于 PCA 的增量学习的方法 CCIPCA（Candid Covariance–free Incremental Principal Component Analysis）用于更新异常识别中的 PCA 模型。基于增量学习的 CCIPCA 建模的方法如下。

假设有采样的向量为 $u(1)$，$u(2)$，$\cdots$，$u(n)$，该向量随着时间增加，每条样本都是 d 维的向量，假设 $u(n)$ 的均值为零（可对其进行预处理），且有协方差矩阵 $A=E\{u(n)u^{\mathrm{T}}(n)\}$。

协方差矩阵的一个特征值 x 满足：

$$\lambda x = Ax \tag{4.23}$$

其中 λ 为特征值对应的特征向量。协方差矩阵是未知的，使用样本的协方差矩阵代替未知的协方差矩阵，同时在每次运算时将特征值 x 用在第 i 步计算的估计值 $x(i)$ 代替，得到：

$$\lambda x = \frac{1}{n}\sum_{i=1}^{n} u(i)u^{\mathrm{T}}(i)x(i) \tag{4.24}$$

设每一步的 $v(n)=\lambda x$，则 $v(n)$ 为每一步 v 的估计值，有了这个值之后，就很容易得到特征值和特征向量，即 $\lambda=\|v\|$，$x=v/\|v\|$。

然后是对 $x(i)$ 的估计，考虑到 $x=v/\|v\|$，则可以选择 $v(i-1)/\|(v(i-1)\|$ 作为 $x(i)$ 的估计值，则式（4.24）可以表示为：

$$v(n)=\frac{1}{n}\sum_{i=1}^{n}u(i)u^{\mathrm{T}}(i)\frac{v(i-1)}{\|v(i-1)\|} \qquad (4.25)$$

当迭代开始时，使 $v(0)=u(1)$，确定数据传播的方向。对于增量估计，式（4.25）可以改写成：

$$v(n)=\frac{n-1}{n}v(n-1)+\frac{1}{n}u(n)u^{\mathrm{T}}(n)\frac{v(n-1)}{\|v(n-1)\|} \qquad (4.26)$$

式中：$n-1/n$ 为 $n-1$ 次估计的权重，$1/n$ 为第 n 次估计的权重。

求最大特征值对应的特征向量时，第一个特征向量在第一步求解时，令 $u_1(n)=u(n)$；在求第二个特征向量时，已经通过迭代求得第一个特征向量，由于特征向量相互正交，令 $v_1(n)=u_i(n)$，并且把 $u_i(n)$ 投影到上一个已经求得的特征向量上，求出残差向量，其迭代公式为：

$$u_{i+1}(n)=u_i(n)-u_i^{\mathrm{T}}(n)\frac{v_i(n)}{\|v_i(n)\|}\frac{v_i(n)}{\|v_i(n)\|} \qquad (4.27)$$

将 $u_i(n)$ 作为第二个特征向量的输入，求出下个特征向量。

同时，每输入一个新的样本时，均值也应该更新，其迭代公式为：

$$\bar{X}(n)=\frac{n-1}{n}\bar{X}(n-1)+\frac{1}{n}u(n) \qquad (4.28)$$

式中 $\bar{X}(n)$ 是输入 n 个样本时的样本均值。

CCIPCA 算法无须计算样本协方差矩阵即可求得特征值与特征向量，所以在计算高维矩阵的实时更新上会有非常大的优势。

通过 CCIPCA 建立的 PCA 模型能够实时地更新故障诊断模型，进一步通过 4.3.1 小节和 4.3.2 小节提到的方法进行异常识别，实现故障诊断模型的自适应更新。

4.4 基于动态时间规整的异常识别

4.4.1 多维动态时间规整

DTW 是一种通过动态规划寻找最佳匹配路径的算法，它可以计算两个不同长度的时间序列之间的最优映射，并且能够处理时间序列在时间维度上的偏移和伸缩问题。设单

维时间序列 X 的长度为 m、Y 的长度为 n，其中 $X=\{x_1, x_2, \cdots, x_m\}$，$Y=\{y_1, y_2, \cdots, y_n\}$。在利用动态规划寻找 X 与 Y 之间的最佳匹配路径之前，需要构建一个 $m \times n$ 的距离矩阵 $\boldsymbol{D}$，其中的元素 $d(i, j)$ 表示 x_i 到 y_j 之间的距离，该距离常用欧式距离，$d(i, j)=(x_i-y_j)$。设最佳匹配路径为 W，有：

$$W=w_1, w_2, w_3, \cdots, w_k \qquad \max(m, n) \leqslant k < m+n-1 \qquad (4.29)$$

其中 $w_k=(i, j)$ 表示路径中的第 k 个元素为 x_i 映射到 y_j。为了保证匹配路径的有效性，规定最佳匹配路径 W 需要满足以下 3 个约束条件：

（1）边界条件。$w_1=(1, 1)$，$w_k=(m, n)$，在图 4.10（a）中的距离矩阵上可以清楚地看出，该路径必须从距离矩阵左下角出发，至距离矩阵右上角结束。

（2）连续性。设 $w_k=(p, q)$，$w_{k+1}=(p', q')$，则需要满足 $p'-p\leqslant 1$ 与 $q'-q\leqslant 1$。在距离矩阵中，该约束保证了某一时刻的点只能与同一时刻或者相邻时刻的点匹配，不能跨越匹配。

（3）单调性。设 $w_k=(p, q)$，$w_{k+1}=(p', q')$，则需要满足 $p'-p\geqslant 0$ 和 $q'-q\geqslant 0$。该约束保证了路径匹配的单调进行，确保图 4.10（b）中的匹配映射不会发生相交。

为了同时满足连续型与单调性，将距离矩阵中的 $d(i, j)$ 的下一个路径匹配点设置为 $d(i+1, j)$，$d(i, j+1)$，$d(i+1, j+1)$，路径匹配模式如图 4.10（a）所示。

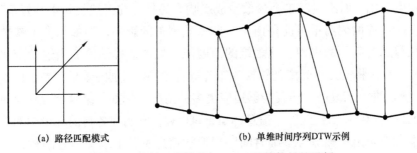

(a) 路径匹配模式　　　　　　　(b) 单维时间序列 DTW 示例

图 4.10　路径匹配模式与 DTW 运算结果的示例

满足以上条件的匹配路径有很多，DTW 通过动态规划寻找距离最短的路径。设 $s(i, j)$ 表示从距离矩阵 $\boldsymbol{D}$ 中（1, 1）至（i, j）的路径长度，最短路径的求解公式为：

$$\begin{cases} s(i,j) = d(i,j) + \min\{s(i-1,j-1), s(i-1,j), s(i,j-1)\} \\ DTW(X,Y) = \min\{s(m,n)\} \end{cases} \qquad (4.30)$$

DTW 具体求解示例如图 4.11 所示，在图 4.11（a）中，中间的方块表示距离矩阵 $\boldsymbol{D}$，方块上方的曲线（曲线一）和方块左边的曲线（曲线二）表示两条长度不同的单维时间序列，距离矩阵中的黑色的数字表示 $d(i, j)$，灰色的数字表示 $s(i, j)$，灰色的方块和其中的箭头表示利用动态规划思想得到地从（1, 1）至（m, n）的最短路径；图 4.11（b）表示根据最短路径得到的曲线一与曲线二之间的节点匹配映射结果。

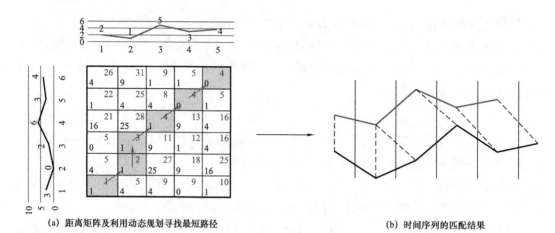

(a) 距离矩阵及利用动态规划寻找最短路径　　　　　　　　(b) 时间序列的匹配结果

图 4.11　DTW 的原理图

4.4.2　基于多维动态时间规整异常识别

据研究对象的不同，可将 DTW 相关的算法分为两类：一类以单维时间序列为研究对象；另一类以多维时间序列为研究对象。在实际生产生活中，相较于单维时间序列而言，多维时间序列更常见。例如，在天然气脱水装置发生异常时，这些异常往往会引起多个参数发生变化，而不只对单个参数造成影响。另外，在天然气脱水装置运行过程中，单个参数发生些许的偏离很可能是由于一些偶然因素的影响，但如果多个参数同时发生偏离则往往警示着问题的出现，从多维的角度能够更加准确地检测出这种变化。对于多元时间序列，直接将多元时间序列转换为矩阵进行 DTW 识别的效果较差。已经有多位学者对 DTW 算法进行了改进，使其能够适应更多的情况。例如，结合梯度形状信息的多维时间序列 MD-DTW 和结合上下文信息的 shapeDTW，它们在各自的环境中都取得了较好的效果。本章节介绍一种综合多维时间序列形状信息及其上下文信息的相似性度量算法MDC-DTW，该算法首先计算多维时间序列的一阶梯度，然后进行采样处理，并以矩阵表示当前时间点的形状信息及其上下文信息，最后利用 DTW 求解多维时间序列间的最优匹配路径。

A 和 **B** 是两个 K 维的多维时间序列，它们的长度分别为 M 和 N，利用式（4.31）计算多维时间序列的一阶梯度：

$$A'(i,k) = \frac{\left(A(i,k) - A(i-1,k)\right) + \dfrac{A(i+1,k) - A(i-1,k)}{2}}{2} \tag{4.31}$$

对时间序列进行采样，获取上下文描述因子。设 $U(i, k)$ 为对 $A'(i, k)$ 进行采样后的上下文描述因子，采样长度为 $L=5$，计算 $U(i, k)$：

$$U(i, k) = \left[A'(i-2, k)\ A'(i-1, k)\ A'(i, k)\ A'(i+1, k)\ A'(i+2, k) \right]^{\mathrm{T}} \tag{4.32}$$

MDC–DTW 的 $d(i, j)$ 计算：

$$d(i,j) = \sum_{l=1}^{L}\sum_{k=1}^{K}\left(U(l,i,k) - V(l,j,k)\right)^2 \tag{4.33}$$

MDC–DTW 的原理示意图如图 4.12 所示，它由如下步骤组成：

（1）利用向量记录多维时间序列单个时间点的信息；

（2）利用式（4.31）计算各个时间点处的一阶梯度；

（3）利用式（4.32）对多维时间序列进行采样，采样完成后用矩阵记录单个时间点的信息；

（4）计算两个多维时间序列间的距离矩阵，$d(i, j)$ 的计算采用欧氏距离；

（5）利用动态规划求解在距离矩阵上从（1，1）至（m，n）的最短路径；

（6）根据最短路径获取两个多维时间序列间的最佳节点匹配路径。

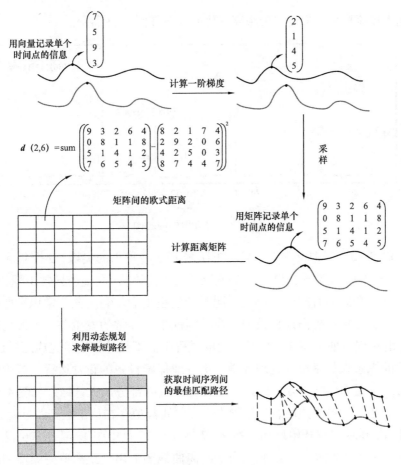

图 4.12　MDC–DTW 的原理示意图

　　针对天然气脱水装置的运行数据的特点，首先使用第 3 章的数据的预处理的方法对运行数据进行数据清洗和降维处理。本章异常识别方法的具体流程如下：

（1）选取异常发生前一段时间内的数据；

（2）对该数据进行数据分断；

（3）选取设备正常运行状态下的一段数据作为正常态参考样本；

（4）利用改进的多维动态时间规整算法依次计算各个分段数据与正常态参考样本之间的距离；

（5）画出这些距离的变化曲线图；

（6）利用距离变化曲线图识别异常。

首先，选取 2017 年 6 月 1 日至 2017 年 6 月 20 日的数据作为研究对象；其次，利用 4.2 小节中数据分断的方法对该数据进行分断，选取设备于 2017 年 6 月 1 日中的一段数据作为正常态参考样本；再次，利用多维动态时间规整算法 DTW 依次计算这些分断后的数据段与正常态参考样本之间的距离；最后，画出这些距离的变化曲线图，借助曲线图识别异常。

执行完上述流程后，最终得到距离变化曲线图如图 4.13 所示。

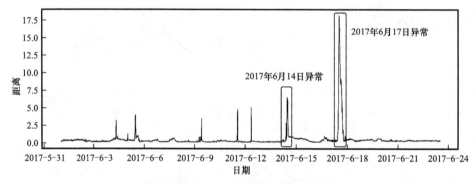

图 4.13　异常识别曲线图

由图 4.13 易知，图中存在 2 个较大的尖峰和 5 个较小的尖峰，2 个较大的尖峰分别对应 2017 年 6 月 14 日的异常以及 2017 年 6 月 17 日的异常。2 个异常尖峰相较于另外 5 个非异常尖峰，它们的时间跨度更长，同时峰值也更大。利用该异常识别曲线图，能够更好地辅助设备维护，提高维修效率。通常情况下，异常的发生并不是跳变的，而是存在一个变化的过程，如果能够在异常发生的过程中而不是异常发生完成之后识别出异常，那么将能帮助维修人员尽快地处理异常，更好地保障设备的正常运行，减少因设备故障带来的损失。将图 4.13 中 2017 年 6 月 17 日异常尖峰部分放大，结果如图 4.14 所示。由图 4.14 易知，该异常的发生时，表示异常程度的距离值存在一个上升的过程，从 2017 年 6 月 17 日上午 10 时左右开始增加，在 2017 年 6 月 17 日中午 12 时左右到达峰值，该上升过程持续了两个小时左右。因此，当在距离曲线图上出现距离值持续增加的变化趋势时，该异常识别曲线图可以及时地提醒维修人员注意设备是否已经发生了异常，并及时做好维修工作。

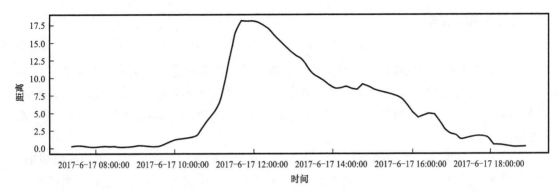

图 4.14　2017 年 6 月 17 日异常具体情况

4.5　基于规则推理的故障诊断

4.5.1　规则推理方法

　　基于规则的推理方法（Rule-Based Reasoning，RBR）是在利用以往经验或知识与其对应原因的隶属关系所建立的产生式规则的情况下，根据该规则采用一定的搜索策略解决实际工程问题的一种推理方法。该方法的优点是知识表达简单，推理过程与人类思维方式相吻合，直观且易理解，同时具有较快的推理速度。基于规则的推理方法在实际应用中，多将规则存储在关系型数据库中，无须重复多次获取，内存占用量小且易对其进行检索修改。

　　规则语言主要有 3 种表现形式，分别为规则逻辑表达、规则决策表以及规则决策树，可以通过一定的规则实现相互转换。

　　（1）规则逻辑表达，该规则以最为直观的方式表现规则，其一般形式为：

$$\text{if} \qquad FaultPhenomenon_a \qquad\qquad (4.34)$$
$$\text{then} \qquad FaultCauses_A$$

　　即"如果出现故障现象 $FaultPhenomenon_a$，则可推断出故障原因 $FaultCauses_A$"，其中 $FaultPhenomenon_a$ 表示规则发生的前提，$FaultCauses_A$ 表示在该前提下规则所推理出的结论，其可以抽象为一个规则表达式：

$$FC = g\left(FP_1, FP_2, \cdots, FP_n\right) \qquad\qquad (4.35)$$

其中，FC 代表了对规则库采用一定搜索策略所得的结论；FP_1，FP_2，$\cdots$，FP_n 则表示了一系列规则前提；g 为规则前提与结论之间的映射关系，主要为逻辑运算，故而规则前提以及结论都带有布尔值的属性。

　　模糊规则的一般形式为：

$$\text{if} \qquad FP_1 \text{ is } FPA \text{ AND（OR）} FP_2 \text{ is } FPB\cdots$$
$$\text{then} \qquad FC \text{ is } QA \qquad\qquad (4.36)$$

对应规则表达式为：

$$FC=f\left(FP_1,\ FP_2,\ \cdots,\ FP_n\right) \tag{4.37}$$

其中映射关系 f 主要为判断运算，故而规则前提以及结论都带有"概念值"的属性。

规则前提与结论之间的映射关系主要包括逻辑运算、判断运算、数值运算、比较运算与取值运算等5种，用于对规则前提进行运算，如 $FP_1>$Const，FP_1 is FPA，FP_1 & FP_2 等。

（2）规则决策表，该规则以矩阵的形式表示知识，如 R_{mn} 表示系统存储了 m 条规则，其中矩阵中的元素 r_{ij}（$0<i\leq m$，$0<j\leq n$）表示规则 i 对应的第 j 条表示前提，各条表示前提之间由逻辑连接词链接，采用规则决策表的形式表示知识有利于对知识进行增加、修改或删除等操作。

（3）规则决策树，以倒置决策树的形式表示若干条规则，其由根节点、叶子节点与各节点间的联通信息及其逻辑关系组成，各节点的信息域用于存放表示前提或推理结论，每条路径则表示了一条完整的规则。规则逻辑表达所表达的知识更为直观自然；规则决策表则在逻辑表达的基础上使得知识更有利于操作；规则决策树则更进一步地增加了层次的表达能力，可运用深度搜索算法或广度搜索算法进行推理，极大提高了推理效率。

实际工程系统具有子设备多、故障机理复杂等现象，难以有效定义故障现象与原因之间的映射关系。另外，如若所定义的规则逻辑关系冗杂或推理过程中匹配过多的规则，则会出现规则推理崩溃或多个规则匹配结果冲突的现象，将极大地降低故障推理效率与精度。故而，针对特定工程系统，准确有效地定义各规则、降低规则间的冗余性是基于规则推理的故障诊断方法的关键所在。

4.5.2　基于 RBR 的脱水装置故障诊断

根据三甘醇脱水领域相关故障诊断经验知识建立对应的故障推理规则库，然后按照设定的推理规则进行工艺参数界限判断与逻辑推理，并向场站作业人员推送所得到的故障推理结果。

针对三甘醇脱水装置的故障特点，将异常现象及现象产生的原因形成产生式规则，采用产生式规则的形式将各故障规则存储于 SQL Server 关系型数据库中，对可疑故障进行诊断分析，用以辅助监控人员快速锁定故障产生的原因，降低故障产生的不良影响。

本书规则库所采用的规则数据结构见表4.6。

表4.6　规则结构

字段编码	字段注释	类型
id	规则编号	int
device	规则所属设备	String
expressions	规则表达式	List＜expression＞
describe	规则描述	String

其中，规则编号作为规则库中各规则的唯一标识符；规则所属设备则描述了当前规则所对应的三甘醇脱水装置子设备，便于规则的快速检索；规则表达式表明了规则前提及结论之间的映射关系，规则表达式的基本元素由 expression 构成，其数据结构见表 4.7。

表 4.7　expression 数据结构组成

字段编码	字段解释	类型
input	输入规则前提	String
inputAddition	规则前提附加项	String
output	结论	String

expression 结构由规则前提及其附加项、规则结论组合而成，结论默认规则前提附加项说明了该条规则前提各变量所属时间域。expression 可由多条 input-output 结构嵌套组合而成，其根据自上而下的顺序依次执行。

表 4.8 列举部分三甘醇脱水装置子设备故障规则。表中故障表达式 expression（A，B）为表达式的基本结构，A 为故障的规则，B 为具体的故障，ts 为故障发生的时间。

表 4.8　部分三甘醇脱水装置子设备故障规则

序号	设备	故障具体描述	故障表达式 expressions（A，B）
1	重沸器	10min 内，如果过滤分离器差压（filterP）超过 50kPa，且重沸器温度（reboilerT）下降 10℃，且精馏柱顶部温度（rectfCT）降低 5℃，且闪蒸罐液位（flashL）上升 5%，吸收塔液位控制阀开度（absorbLC）增加 5%，则判定重沸器进水	expression（（filterP $_{(ts,\,ts+10mins)}$ >50）&（reboilerT $_{ts+10mins}$ <reboilerT $_{ts}$−10）&（rectfCT $_{ts+10mins}$ <rectfCT $_{ts}$−5）&（flashL $_{ts+10mins}$ >flashL $_{ts}$+5）&（flashLC $_{ts+10mins}$ >absorbLC $_{ts}$+5），（ts，ts +10mins），重沸器进水）
2		大修一月内，如果燃料气耗量（gasL）日均耗量增加 10%，且重沸器温度（reboilerT）变化小于 2℃，则判断为重沸器烟火管结垢	expression（（gasL $_{(ts,\,ts+30days)}$ >1.1*gasL $_{ts}$）&（reboilerT $_{(ts,\,ts+30days)}$ <reboilerT $_{ts}$±2），（ts，ts +30days），烟火管结垢）
3		大修一月内，日均三甘醇损耗（tegL）增加 20%，则判定为烟火管穿孔	expression（（tegL $_{(ts,\,ts+30days)}$ >1.2*tegL $_{ts}$），（ts，ts +30days），烟火管穿孔）
4	精馏柱	如果重沸器压力（reboilerP）上升至 5kPa 以上，则判定为精馏柱或再生管线堵塞	expression（（reboilerP >5），精馏柱或再生管线堵塞）
5		如果重沸器温度（reboilerT）在 80~200℃，且精馏柱顶部温度（rectfCT）降低 5℃的同时闪蒸罐液位控制阀开度（flashLC）降低 4%，则断定为精馏柱盘管穿孔	expression（（180<reboilerT <200）&（rectfCT $_{ts}$ <rectfCT $_{ts-1}$ −5）&（flashLC $_{ts}$ <flashLC $_{ts-1}$ −4），精馏柱盘管穿孔）

续表

序号	设备	故障具体描述	故障表达式 expressions（A，B）
6	吸收塔	如果吸收塔差压（absorbP）超过15kPa，则判断为吸收塔堵塞	expression（（absorP>15），吸收塔堵塞）
7	缓冲罐	连续10天，如果贫液浓度（leanTegC）在97%以下且出缓冲罐贫甘醇温度（bufferLTT）降低10℃，贫液入泵温度（pumpLTT）降低10℃，且燃料气耗量（gasL）降低5%，则判定为缓冲罐盘管穿孔	expression（（leanTegC$_{ts,\,ts+10days}$<97）&（（bufferLTT$_{ts,\,ts+10days}$<bufferLTT$_{ts}$-10）|（pumpLTT$_{ts,\,ts+10days}$<pumpLTT$_{ts}$-10））&（gasL$_{ts,\,ts+10days}$<0.95*gasL$_{ts}$），（ts，ts+10days，缓冲罐盘管穿孔）
8		如果富甘醇入缓冲罐温度（bufferLTT）降低5℃或贫甘醇出缓冲罐温度（bufferRTT）上升5℃，则判定为缓冲罐盘管结垢	expression（（bufferLTT$_{ts}$>bufferLTT$_{ts-1}$+5）&（bufferRTT$_{ts}$<bufferRTT$_{ts-1}$-5），缓冲罐盘管结垢）
9	机械过滤器	如果机械过滤器差压（mfilterP）超过30kPa或差压突然将为0kPa，则判断为机械过滤器堵塞	expression（（mfilterP>30）&（mfilterP$_{ts}$=0），机械过滤器堵塞）
10	活性炭过滤器	如果活性炭过滤器差压（acfilterP）超过30kPa或差压突然将为0kPa，则判断为活性炭过滤器堵塞	expression（（acfilterP>30）&（acfilterP$_{ts}$=0），活性炭过滤器堵塞）
11	过滤分离器	如果过滤分离器差压（filterP）超过50kPa或者使用年限达1年，或正常生产时突然降低15kPa以上，则判断为过滤分离器滤芯更换	expression（（filterP>50）&（filterP$_{ts-1}$<filterP$_{ts-1}$-15），过滤分离器滤芯更换）

　　根据规则的表达形式，作业人员可实现快速便捷地对故障规则进行新增、修改、删除等，进一步提高规则的精确度并降低各规则间的冗余关系。联合案例库与故障规则库实现对三甘醇脱水装置的故障诊断，当三甘醇脱水系统出现异常现象时，首先将异常信息与案例库中案例信息进行匹配搜寻，如若异常信息特征与案例库中案例匹配成功，则完成故障的推理，输出故障部位及维修建议。否则，通过一定的搜索策略对故障规则库进行推理，完成对异常的诊断识别，同时，将基于规则推理的诊断结果以案例的形式存储于案例库中，提高案例库故障覆盖率。

4.6　基于案例库的故障诊断

4.6.1　案例库定义

　　案例库是三甘醇脱水装置故障案例数据组成的案例集合，由案例数据特征和标签组成，其数据特征为与故障发生时以设备为单位的子系统相关监测参数的数据，标签为所属设备和故障名称。三甘醇脱水装置通过建立案例库以储备故障案例数据，当异常发生时可通过与案例库故障数据对比从而准确地识别故障。

针对不断累积的故障案例数据，案例库表征了历史故障的特征信息，当 PCA 识别出系统异常时，通过将设备子系统相关监测数据与对应的设备子系统的案例数据进行对比，判断该故障是否在案例库中存在。当检测到相似时，可直接定位此故障，且通过经验知识，给出维护建议；当异常不与案例库中的故障案例相似时，此故障案例可添加至监测系统案例审批中等待审批，以确定是否为新案例数据，以加入案例库中。常用的数据相似度量方式分为基于距离的度量和基于相关系数的度量方式。基于相关系数的方法包括余弦相似度、杰卡德相似系数和皮尔逊相关系数等，基于相关系数的方法取值范围为 $[-1, 1]$，有利于量化对比分析。本章节采用皮尔逊相关系数对异常监测数据和案例数据进行对比分析。

4.6.2　基于距离的故障识别

数据样本在三维空间所提取的主曲线在本质上依然是由空间数据点构成的，所以，衡量主曲线之间的相似度问题可以转化为求解主曲线之间点距离。目前经典的距离测度方法有欧氏距离、标准化欧氏距离、曼哈顿距离、切比雪夫距离、马氏距离、夹角余弦距离、巴氏距离等。

（1）欧氏距离。

欧氏距离是最易理解的一种距离测度方法，其来源于欧几里得空间两点之间的距离公式，欧氏距离可以表示为：

设两个 n 维空间数据点 $a\ (x_{11},\ x_{12},\ \cdots,\ x_{1n})$ 与 $b\ (x_{21},\ x_{22},\ \cdots,\ x_{2n})$，则 a 点与 b 点之间的欧氏距离为：

$$\mathrm{Dist}(a,b) = \sqrt{\sum_{k=1}^{n}(x_{1k} - x_{2k})^2} \tag{4.38}$$

（2）标准化欧氏距离。

标准化欧氏距离是针对简单欧氏距离的缺点而提出的一种改进方案，其基本思路是：先将样本点中各个分量都"标准化"到均值、方差相等，然后再计算样本点之间的欧氏距离，设样本点的均值为 m，标准差为 S，则经过简单推导后，可知 a 点与 b 点之间的标准化欧氏距离为：

$$\mathrm{Dist}(a,b) = \sqrt{\sum_{k=1}^{n}\left(\frac{x_{1k} - x_{2k}}{S_k}\right)^2} \tag{4.39}$$

（3）曼哈顿距离。

曼哈顿距离是 19 世纪由赫尔曼·闵可夫斯基所提出，欧氏距离通过计算直线距离的方式，通常不符合两点真实的分布情况；而曼哈顿距离往往会考量实际分布情形，因而，曼哈顿距离常常被称为"城市街区距离"。a 点与 b 点的曼哈顿距离可以表示为：

$$\text{Dist}(a,b) = \sum_{k=1}^{n} |x_{1k} - x_{2k}| \tag{4.40}$$

（4）切比雪夫距离。

在数学中，切比雪夫距离或是 $L\infty$ 度量是向量空间中的一种度量，两个点之间的距离定义是其各坐标数值差绝对值的最大值。所以 a 点与 b 点的切尔雪夫距离可以表示为：

$$\text{Dist}(a,b) = \sum_{k=1}^{n} |x_{1k} - x_{2k}| \tag{4.41}$$

（5）马氏距离。

若 M 个样本数据点 $\{X_1, X_2, \cdots, X_M\}$，其协方差矩阵记为 $\boldsymbol{S}$，均值记为向量 $\boldsymbol{\mu}$，则样本点 X 到 $\boldsymbol{\mu}$ 的马氏距离可表示为：

$$\text{Dist}(X, \boldsymbol{\mu}) = \sqrt{(X - \boldsymbol{\mu})^{\text{T}} \boldsymbol{S}^{-1} (X - \boldsymbol{\mu})} \tag{4.42}$$

而其中点 X_i 与 X_j 之间的马氏距离为：

$$\text{Dist}(X_i, X_j) = \sqrt{(X_i - X_j)^{\text{T}} \boldsymbol{S}^{-1} (X_i - X_j)} \tag{4.43}$$

若样本的协方差矩阵是单位矩阵，那么马氏距离就变成了欧氏距离，若协方差矩阵为对角矩阵，那么又变成了标准化欧氏距离。马氏距离与量纲无关，能排除变量之间相关性的干扰。

（6）夹角余弦距离。

几何上，夹角余弦用来衡量两个向量方向的差异，而在机器学习中，则常用来衡量样本之间的差异。a 点与 b 点的夹角余弦距离可表示为：

$$\text{Dist}(a,b) = \frac{\sum_{k=1}^{n} x_{1k} x_{2k}}{\sqrt{\sum_{k=1}^{n} x_{1k}^2} \sqrt{\sum_{k=1}^{n} x_{2k}^2}} \tag{4.44}$$

夹角余弦距离的取值范围为 $[-1, 1]$，夹角余弦越大，表示两个数据点的夹角越小，则两个数据点距离越小。

（7）巴氏距离。

在统计学中，巴氏距离用来测量两个离散或连续概率分布的相似性，它与衡量两个统计样本或种群之间重叠量的巴氏系数密切相关，巴氏系数可以被用来确定两个样本的接近程度，它是用来衡量分类问题中的可分离性。

对于离散概率分布 p 和 q 在同一域 X，巴氏距离表示为：

$$\text{Dist}(p, q) = -\ln(BC(p, q)) \tag{4.45}$$

其中 $BC(p,q) = \sum_{x \in X} \sqrt{p(x)q(x)}$，为巴氏系数。

而对于连续概率分布，巴氏系数被定义为：

$$BC(p,q) = \int \sqrt{p(x)q(x)} \, \mathrm{d}x \tag{4.46}$$

4.6.3 基于时间序列相似性的故障识别

时间序列相似性在数据挖掘中是一个很重要的概念，且在故障识别领域已经有许多的实际应用。传统的时间序列的相似性度量方法有进行"一对一"比较的欧氏距离度量和"一对多"的动态时间规整以及基于编辑距离的度量方法。现阶段较新的相似性度量方法分为 4 类，分别是符号化相似性度量、基于趋势相似性的度量、形状相似性度量和事件相似性度量。这里根据三甘醇脱水装置的时间序列形式，选其中的两种方法进行简要介绍。

（1）基于符号化的时间序列相似性度量。

时间序列符号化（Symbolic Aggregate Approximation，SAX）是指通过对时间序列 $X = (x_1, x_2, x_3, \cdots, x_n)$ 进行降维或者离散化处理之后，将数值形式的是时间序列转换为维度更低的符号化表示形式 $Y = (y_1, y_2, y_3, \cdots, y_m)$，进而计算两个序列的 SAX 距离来度量其相似性，距离的算法可参考上一小节的内容。

SAX 中常用的降维方法为分段累计近似表示法（Piececwies Aggregate Approximation，PAA），即对于给定的时间序列，将其分为等长的 m 个子序列，计算每个子序列的平均值，并用子序列组成的符号代表这段时间序列。经过 PAA 算法处理之后的时间序列 y_k 可由式（4.47）求得：

$$y_k = \frac{1}{e_k - s_k + 1} \sum_{i=s_k}^{e_k} x_i \tag{4.47}$$

式中 s_k 和 e_k 分别为时间序列 X 的第 k 段的等长子序列开始和结束的序号值。这个方法没有考虑时间片段的趋势，导致不同的时间片段可能映射到同一个符号上。为了解决这个问题，有改进地加入趋势变量的 SAX-TD 方法，即在时间序列的 SAX 中增加一个值，用来改进 SAX 的距离计算。

（2）基于趋势的时间序列相似性的度量。

对于两个时间序列 $X = (x_1, x_2, x_3, \cdots, x_n)$，$Y = (y_1, y_2, y_3, \cdots, y_n)$，响应的趋势向量为 $\boldsymbol{X}_v = (l_1, l_2, l_3, \cdots, l_m)$，$\boldsymbol{Y}_v = (s_1, s_2, s_3, \cdots, s_n)$，当 $1 \leqslant i \leqslant n$ 时，$l_i = s_i$，则 X 和 Y 可以被认为是趋势相似。

首先对时间序列进行区间划分并判断区间内的趋势，生成短趋势符号序列；然后由式（4.48）计算各趋势符号的一阶连接指数的塔尼莫特系数 $S_{X,Y}$（$S_{X,Y} \in [0, 1]$）并进行相似性度量。

$$S_{X,Y} = \frac{\sum\limits_{m=1}^{5} Id_X(ts_m) \times Id_Y(ts_m)}{\sum\limits_{m=1}^{5} Id_X^2(ts_m) + \sum\limits_{m=1}^{5} Id_Y^2(ts_m) - \sum\limits_{m=1}^{5} Id_X^2(ts_m) \times \sum\limits_{m=1}^{5} Id_Y^2(ts_m)} \quad （4.48）$$

式中：$ts_m \in (ts_{up}, ts_{dw}, ts_{pk}, ts_{st}, ts_{th})$，分别表示为上升、下降、上凸、下凹和平稳的趋势符号序列；Id_X 表示趋势符号在 X 的一阶连接性指数，并且当 $S_{X,Y} > \varepsilon$ 时，认为 X 与 Y 相似，ε 为相似性阈值。

（3）基于皮尔逊相关系数的时间序列相似性度量。

基于皮尔逊相关系数的时间序列相似性判断是根据两个时间序列的皮尔逊相关系数的值判断两个序列的相似性，皮尔逊相关系数由式（4.49）确定：

$$r_i = \frac{\sum\limits_{j=1}^{n}\left(X_{ij} - \overline{X_i}\right)\left(Y_{ij} - \overline{Y_i}\right)}{\sum\limits_{i=1}^{n}\sqrt{\sum\limits_{j=1}^{n}\left(X_{ij} - \overline{X_i}\right)^2}\sqrt{\sum\limits_{i=1}^{n}\left(Y_{ij} - \overline{Y_i}\right)^2}} \quad (i = 1, 2, \cdots, m) \quad （4.49）$$

其中：r_i 为时间序列 X_i 与时间序列 Y_i 的相关系数；m 为时间序列的维度。两个时间序列的相似性为：

$$r = \frac{1}{m}\sum\limits_{i=1}^{m}|r_i| \quad （4.50）$$

其中，$|r| \geqslant 0.8$ 时，显著相关；$0.5 \leqslant |r| < 0.8$ 时，强相关；$0.3 \leqslant |r| < 0.5$ 时，低度相关；$|r| < 0.3$ 时，不相关。

对于设备子系统异常，可以根据方法（1）和（2）求解案例库故障数据的时间序列和异常数据的时间序列的相似性来判断设备是否发生故障。对于方法（3），可以根据异常与相关故障案例的皮尔逊相关系数来度量两个时间序列的相似性，当相似性 $|r| \geqslant 0.5$ 时，说明异常与相关故障案例强相关，即异常与故障案例是同类型故障；当相似性 $|r| < 0.5$ 时，说明异常与相关故障案例弱相关或不相关，即异常与故障案例不是同类型故障。

4.7 基于 SDG 的故障诊断

4.7.1 SDG 基本原理

符号有向图（Signed Directed Graph，SDG）模型是 20 世纪 70 年代末由 Iri 等发展的用于寻找故障发生时的故障源的模型，SDG 模型能够表达复杂的因果关系，通过经验知识、流程图和定量数学模型等方法建立节点和节点之间构成的有向支路网络图，具有推断工艺参数和故障源间，复杂关联关系的能力，能有效地寻找设备故障发生的故障源，已在工业领域得到广泛的应用。

一个 SDG 模型可用 $\gamma=(G,\varphi)$ 表示，其中 G 表示有向图，表示符号的集合。SDG 模型示意图如图 4.15 所示，以此给出 SDG 模型的基本原理。

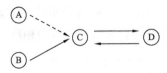

SDG 模型是由节点、节点间的有向支路以及支路符号组成的，是节点、有向支路和支路符号的集合。

图 4.15　SDG 模型示意图

SDG 数学模型中 G 定义为：

$$G=(V,\ E,\ \partial^+,\ \partial^-) \tag{4.51}$$

式中：V 代表节点集合，$V=\{v_i\}$；E 代表支路集合，$E=\{e_k\}$；∂^+，∂^- 代表邻接关联符，∂^+：$E\to V$ 支路的起始节点，∂^-：$E\to V$ 支路的终止节点。

SDG 模型中 φ 代表符号的集合，$E\in\{+,\ -\}$，$\varphi(e_k)=\varphi(v_i,\ v_j)(e_k\in E)$ 称为支路 e_k 的符号。

SDG 的相关概念有节点、阈值、节点状态值、瞬时样本、有向支路、有效节点和相容通路。下面对这些概念做简要解释。

（1）节点。

节点既可以是系统中的可测物理变量（如温度、压力、流量、液位等）、操作变量（如阀门、开关等）、相关仪表（如控制器、变送器等），也可以是某种故障事件（如阀门堵塞、电机故障、电源中断等）。上游节点称为初始节点（Initial Node），下游节点称为终止节点（Terminal Node）。

（2）阈值。

阈值是经合理选择并反复试验调整后用来判断各节点是否偏离正常状态的上限或下限的界限值。

阈值的上限和下限应当依据故障发生前兆和传播规律经反复试验调整后确定。阈值的选择直接关系到故障诊断分辨率的高低。如果选择范围过宽会导致诊断的灵敏度下降，过窄又会导致灵敏度过高而频繁报警或预报过早。

（3）节点状态值。

三级模型的节点在某时刻的状态值一般由符号"＋""0"和"－"表示。节点状态值是节点实际值与阈值相比较后得到的离散值。

（4）瞬时样本。

本模型中所有节点在某一时刻状态值的集合称为一个瞬时样本。表 4.9 所示为某时刻图 4.15 所示 SDG 模型的一个瞬时样本。

表 4.9　SDG 模型的一个瞬时样本

节点	A	B	C	D
节点状态值	0	＋	－	－

（5）有向支路。

有向支路表示节点间的正负影响关系，代表故障的传播路径，有向支路的属性值通常有两种，表述为"+"和"-"。如果支路的初始节点增大或减少导致终止节点同步增大或减少，称支路影响为增量影响，或正影响，通常用带箭头的实线表示；如果初始节点与终止节点变化方向相反，则支路影响称为减量影响或负影响，用带箭头的虚线表示。

（6）有效节点。

在 SDG 模型 $\gamma=(G, \varphi)$ 中，对于瞬时样本 ψ，如果 $\psi(v_i) \neq 0$，则称该节点 v_i 为有效节点。

（7）相容通路。

在 SDG 模型 $\gamma=(G, \varphi)$ 中，对瞬时样本 ψ，如果 $\psi(\partial^+ e_k) \varphi(e_k) \psi(\partial^- e_k)=+$，则该支路 e_k 称为相容支路。相容支路首尾相接构成相容通路（Consistent Path）。也可以进一步扩展为满足 $\psi(\partial^+ e_i) \varphi(e_i) \cdots \varphi(e_j) \psi(\partial^- e_k)=+$ 的支路组合。在基于 SDG 的故障诊断中，相容通路是一个重要的概念，故障只有通过相容通路才能进行传播和演变。

4.7.2　SDG 建模方法

利用 SDG 进行有效故障识别的基础是建立一个可以精确反应机械系统结构、功能、部件关系的 SDG 模型。目前常用的 SDG 建模方法主要有三类：基于流程图的方法、基于数学模型的方法和基于经验知识的方法。

（1）基于流程图的方法。

基于流程图的方法根据设备工艺过程将其分解成不同单元，同时利用"-10""-1""+1""+10"4 个符号来表示各单元之间的相互作用关系。符号为正表示两个单元影响为正相关；10 表示在该支路偏差传播扩大；1 表示该支路只传播偏差，但没有增强作用。具体建模过程如下：

① 将要分析的过程系统根据工艺过程拆分为不同单元；

② 在不同单元处标识一个数字，如图 4.16 所示，压力传感器与过程设备中其他组件连接部分的标识分别为 1，2，3；

③ 做设备与传感器之间的因果相关分析表，然后根据表中相互作用关系，建立单元 SDG 模型；

④ 根据每一个单元组件符号，一句组件标识的数字搭建整个系统 SDG 模型。

图 4.16　压力传感器与其他组件的连接示意图

基于流程图的方法将支路状态量化，建立模型较为简单，直观形象，能够反映故障的传播关系。但在建立设备单元模型中容易漏掉系统故障传播的重要变量。同时，利用此方法建立的模型一般比较复杂，需要进行简化。

（2）基于数学模型的方法。

基于数学模型的方法主要根据参数之间的数学关系包括代数方程、微分方程建立 SDG 模型，依据这种方法建立的模型能够较为全面地反映系统行为，但比较复杂。该方法实质是通过对定量的数学模型进行转化，使其靠近 SDG 的定性模型，数学模型中的变量代表 SDG 模型中的节点，而对于节点间关系则通过对离散化的数学模型求偏导得出。基于数学模型的方法，由于节点的状态与有向边的符号都是利用数学模型计算而来，因此准确性较高，避免了人工经验可能存在的错误。但是对于复杂的工业过程来说，建立合理的数学模型，进行偏导数符号的推导工作量较大。由于模型中故障源以事件为节点，而数学模型中全是变量，所以基于数学模型的方法不能较好地表达故障。

（3）基于经验知识的方法。

由于当今机械设备的大型化、复杂化发展，使得难以建立参数之间的代数方程和微分方程，因此基于数学模型的 SDG 方法难以应用到这类设备中。而随着机械设备的发展，运维经验的不断积累，使得基于经验知识的方法不断发展。

基于经验知识建立 SDG 模型主要有以下步骤：

① 确定筛选出研究对象的所有故障源，同时将与事故相关的关键变量作为 SDG 模型节点。

② 对每一类故障，分析其原因节点与结果节点间的影响关系，确定内在逻辑。

③ 整理搭建完整 SDG 模型，同时对其进行检验、修改等，直到完成相应功能。

通过以上建模方法建立的 SDG 模型一般较为复杂，导致模型故障识别分辨率较差，因此需要对模型进行简化，一方面为了得到对应不同故障根源的 SDG 子图，另一方面通过简化能够减少一些 SDG 图中的虚假解释，从而提高故障识别性能。

脱水装置 SDG 模型包含大量的监测参数，监测参数之间的关系也较为复杂。因此，在进行故障诊断时，为减少推理时所花费的时间，首先对脱水装置复杂的 SDG 模型进行简化拆分，拆分成各设备故障对应的子 SDG 模型；然后将简化的子 SDG 模型重新组合成一个简化后的整体 SDG 模型，最后基于简化后的整体 SDG 模型对脱水装置进行故障识别。子 SDG 模型简化规则如下：

① 选择一个根节点，删掉进入根节点的边。

② 将那些没有发生故障的节点和相关参数进行整合。

③ 从 SDG 图中删除无法测量的节点，将该节点前后节点按因果关系重新连接，形成测量节点的新分支；新建立的分支符号是原来两条有向分支节点符号的乘积，将那些根节点无法达到的节点删掉。

根据以上 SDG 模型的简化规则，从子设备故障源出发，简化脱水装置子设备 SDG 图，即可得到各故障源对应的子模型；然后在共同节点处，连接各子 SDG 模型，得到天然气脱水装置 SDG 模型。

4.7.3 SDG 模型故障诊断定位推理过程

SDG 的建模方法分为基于流程图的方法、基于数学模型的方法和基于经验知识的方法三类。基于流程图的方法将设备系统划分为不同的设备单元，针对设备单元建立相关分析表以建立设备单元 SDG 模型，最后根据各设备单元的连接节点的影响关系建立设备系统完整 SDG 模型；基于数学模型的建模方法是一种定量方法，通过建立节点间的数学传递关系建模，这种方法较准确地表达了参数变量之间的关系，但推导过程复杂；基于经验知识的 SDG 建模方法，以故障节点为基准，通过对每个故障节点做故障与参数映射关系分析，首先建立每个故障节点的 SDG 模型，最后通过合并各故障节点且修正调整建立设备系统 SDG 图。由于三甘醇脱水装置是大型复杂的静态设备系统，且积累了大量的经验知识，本章节通过结合故障经验知识和 HYSYS 仿真故障与参数的映射关系，通过基于经验知识的方法建立三甘醇脱水装置 SDG 模型。

SDG 模型推理过程是完备且不重复的在 SDG 模型中搜索穷举所有的相容通路的过程，其推理机制分为正向推理和反向两种推理过程。反向推理过程为，给定瞬时的所有参数的状态表，首先将有异常的节点作为起始节点，将起始节点作为当前节点，反向推理寻找符合支路逻辑关系的节点，若不符合则舍去这条支路更换其他节点支路继续反向推理，若符合则沿着这条支路继续反向推理，同时将与当前节点相连的节点作为当前节点，继续直到最终的故障源节点，能从异常节点推理到故障源节点的路径称为相容通路，故障源节点即是的故障源头；正向推理过程为，正向推理假设 SDG 中各节点状态未知，将故障节点作为初始节点，从选定的原因节点向后果节点依据支路逻辑影响关系探索可能的相容通路，然后与相容通路中实际的节点状态结合评价相容通路与实际的对应情况，与实际状态结合最好的相容通路的故障节点即是故障源。由于在实际应用中，相容路径可能存在多条，为提高定位的准确性，常将正向推理和反向推理联合使用，通过反向推理故障源，然后正向推理验证。SDG 模型故障诊断定位流程如图 4.17 所示。

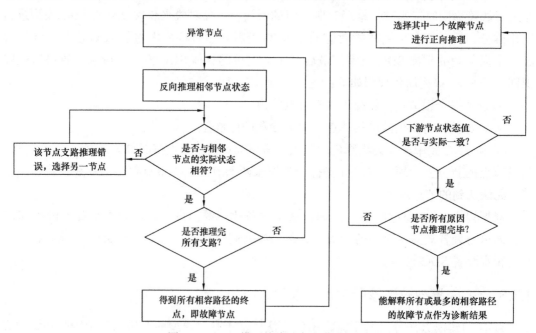

图 4.17　SDG 模型故障诊断定位流程图

脱水装置具有动态性的特点，其表现为参数变化的延时性。由于 SDG 模型根据异常时刻的参数状态变化进行故障推理，因此 SDG 模型推理的准确性受到动态延时的影响。本章节中 SDG 模型建立时，以故障与之高关联的参数为基础建立，发生故障时，相关参数的变化具有同步性，脱水装置的动态特性对 SDG 模型定位故障影响较小，SDG 模型可以准确地定位故障。

4.7.4　三甘醇脱水装置 SDG 诊断模型

三甘醇脱水装置是大型复杂系统，同时由于三甘醇脱水装置设计中积累有丰富的经验知识，所以三甘醇脱水装置 SDG 建模主要依据基于经验的方法建立，并结合 2.3 节所建立的 HYSYS 仿真修改和验证 SDG 模型，将脱水装置以单个设备为单位划分为子系统，分析故障与参数的映射关系，通过建立针对单个设备的每个故障节点的 SDG 模型，然后建立单设备 SDG 模型，最后连接各子系统 SDG 得到三甘醇脱水装置 SDG 模型，某脱水站扩建 $100 \times 10^4 \mathrm{m}^3/\mathrm{d}$ 三甘醇脱水装置 SDG 模型图如图 4.18 所示。

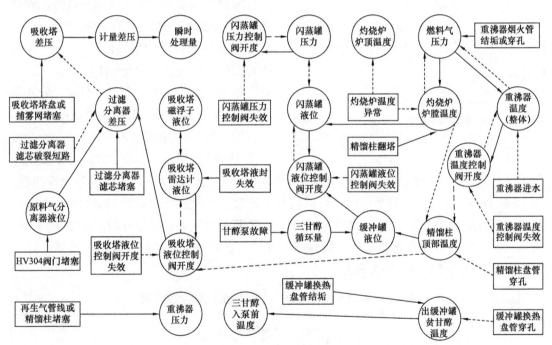

图 4.18　某脱水站扩建 $100 \times 10^4 \mathrm{m}^3$ 三甘醇脱水装置 SDG 模型图

根据三甘醇脱水装置的设备参数动态联动特点，故障发生时对周围参数的影响有一定的响应时间，SDG 的故障识别过程以单个设备为单位，依次识别所有的设备子系统，最后得出异常报告。其识别过程为：首先，通过 PCA 识别设备系统和参数异常；然后，通过趋势分析获取异常时刻的参数状态表；最后，通过 SDG 定位故障。三甘醇脱水装置基于 PCA-SDG 的异常识别流程如图 4.19 所示。

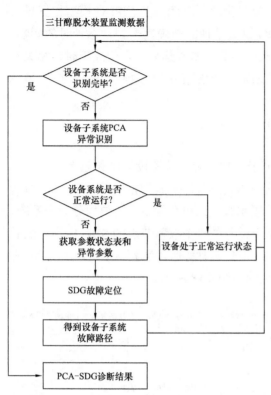

图 4.19　三甘醇脱水装置基于 PCA-SDG 的异常识别流程图

4.7.5　PCA-SDG 故障定位案例分析

扩建 $100 \times 10^4 m^3/d$ 三甘醇脱水装置 2016 年至 2019 年所保存的历史故障记录异常见表 4.10。由于历史数据的保存问题，只有 2017 年 6 月 14 日和 2017 年 6 月 17 日的故障保存有原始数据，对应的故障分别为 HV-304 阀门堵塞和闪蒸罐调压阀故障。为验证 SDG 的诊断能力，使用 2017 年 6 月 14 日故障验证。

HV-304 阀门堵塞时间为 10 时 17 分 10 秒，验证时将 7～9 时的正常数据作为模型训练数据，并用 9～11 时的数据进行识别。三甘醇脱水装置 7～11 时的原始数据，数据采样频率为 5s 一次，共有 1440 个数据点，如图 4.20 所示，图中虚线以左为 7～9 时的正常数据，虚线以右为 9～11 时数据。基于第三章工艺参数的参数分组，对原料分离器进行 PCA 异常识别，识别结果如图 4.21 所示，图 4.21（a）和图 4.21（b）分别为 SPE 和 T^2 统计量，图 4.21（c）为监测参数残差贡献度。其中连续超出阈值的时间为设备异常时间，T^2 统计量早于 SPE 统计量出现问题，在 10 时 16 分 20 秒时，两个统计量均识别出了异常，因此异常时间为 10 时 16 分 20 秒，早于发现时间，并选取异常节点前后一段时间的数据进行残差贡献度分析，如图 4.21（c）所示，此时原料分离器相关参数原料分离器液位、过滤分离器差压、吸收塔差压、计量差压和瞬时处理量均被识别为异常。

表 4.10　扩建 $100 \times 10^4 m^3/d$ 三甘醇脱水装置异常记录

序号	发现时间	异常情况	计划整改时间
1	2017-6-17	扩建 $100 \times 10^4 m^3/d$ 闪蒸罐调压阀已坏，目前闪蒸罐压力无法进行自动调节	2017-6-25
2	2017-6-14	扩建 $100 \times 10^4 m^3/d$ 脱水装置因上游清管通球时，带入污物，造成扩建 $100 \times 10^4 m^3/d$ 脱水装置 HV-304 阀门堵塞，过滤分离器差压达高限，需要更换过滤分离器滤芯	2017-7-15
3	2016-1-11	扩建 $100 \times 10^4 m^3/d$ 脱水装置压力调节阀内漏，导致闪蒸罐压力降低	2016-1-31

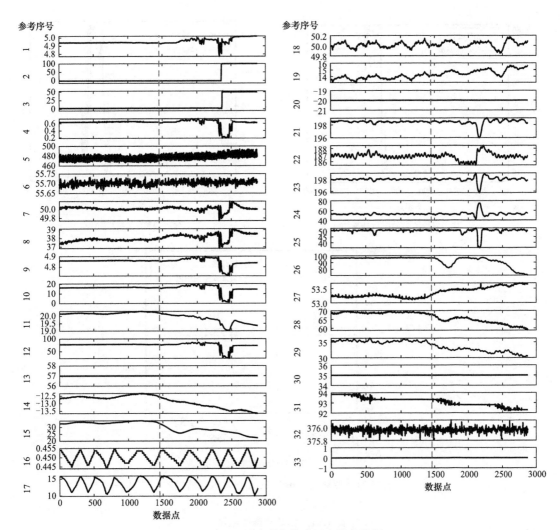

图 4.20　三甘醇脱水装置历史故障数据

　　当 PCA 识别出异常后，获取此时脱水装置监测参数的状态表，以便 SDG 推断故障路径。如表 4.11 所示，其中只显示了有状态变化的参数。SDG 故障诊断如图 4.22 所示。在 SDG 故障诊断图中，点划线圆表示异常且状态量为 "+"，虚线圆表示异常且状态量为 "–"，在图 4.22 中，由于只对原料分离器进行识别，其他参数的异常状态无法得知，导致不能进行 SDG 推断，只标出了与原料分离器相关的参数。SDG 故障路径中包含为划入设备分组的参数，因此当设备异常时得出了全部监测参数的状态量，在识别过程中从最远的异常节点出发，开始反向推理得到故障源，并正向验证，以确定故障。在原料气分离器的故障识别中，最远的异常参数为瞬时处理量，因此从瞬时处理量出发反向推理，最终，推出了 HV-304 阀门堵塞和过滤分离器滤芯堵塞，在图 4.22 由虚线方框标出，并且由于该故障路径没有更多的参数节点，正向推理验证和反向推理结果相同，SDG 定位得出了 HV-304 阀门堵塞和过滤分离器滤芯堵塞两个故障，这与故障记录相符，说明 SDG 故障定位的有效性。

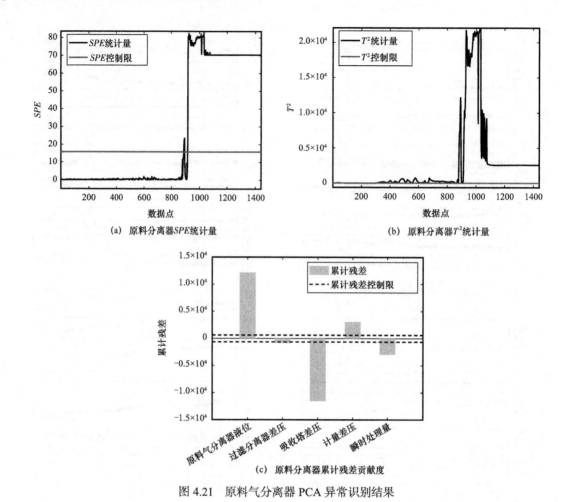

图 4.21　原料气分离器 PCA 异常识别结果

表 4.11　参数状态变化表

参数序号	参数名称	状态变化	参数序号	参数名称	状态变化
2	原料气分离器液位	+	17	闪蒸罐压力控制阀开度	+
3	过滤分离器差压	+	18	闪蒸罐液位	−
4	吸收塔差压	−	19	闪蒸罐液位控制阀开度	−
7	吸收塔雷达液位	−	26	精馏柱顶部温度	−
8	吸收塔液位控制阀开度	−	27	缓冲罐液位	+
10	计量差压	−	28	出缓冲罐贫甘醇温度	−
12	瞬时处理量	−	29	三甘醇入泵前温度	−
16	闪蒸罐压力	+			

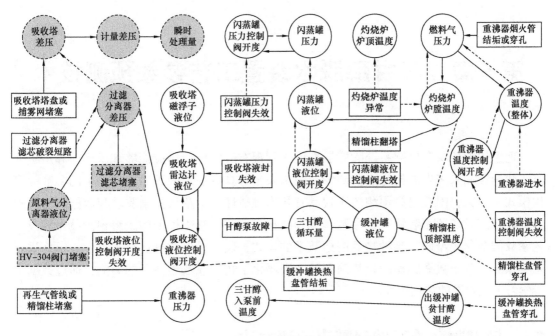

图 4.22　SDG 原料气分离器故障定位

对于相同时间内的脱水装置的其他设备进行 PCA 异常识别，分别识别出：

（1）过滤分离器，其识别结果与原料分离器一致，两者异常均由 HV-304 阀门堵塞造成，由于 HV-304 阀堵塞导致过滤分离器也出现滤芯堵塞现象。

（2）对于缓冲罐，识别出了出缓冲罐贫甘醇温度、精馏柱顶部温度和缓冲罐液位异常，并与 SDG 图中缓冲罐穿孔的故障路径相符，但由于缓冲罐是长期缓慢的故障过程，必须长期符合此趋势，才能认定该故障发生。

（3）对于精馏柱，识别出了精馏柱顶部温度和缓冲罐液位异常，且满足精馏柱盘管穿孔的推理机制，但闪蒸罐液位控制阀开度与缓冲罐液位推理的逻辑不符，不符合精馏柱穿孔的故障经验。

（4）对于重沸器，识别出了重沸器温度，重沸器温度控制阀和燃料气压力异常，但在同时的参数变化状态表中，结合其他参数的状态表的状态值，不符合 SDG 故障推理的任一条路径，且该异常很快恢复，因此不是设备异常而是如工作条件等原因引起的变化。通过 PCA-SDG 的故障定位案例分析，表明该方法能有效地识别设备异常并定位故障。

第 5 章　三甘醇脱水装置工艺参数预测技术

理想的设备状态检测系统除能够准确识别现有故障外，还应能够基于当前和历史的监测数据预测未来发展趋势。监测参数的未来走势具有一定的不确定性，不同参数的演化模式差异大，因此趋势预测的实现具有相当挑战性。本章从模型驱动与数据驱动两种方式进行三甘醇脱水装置工艺参数趋势预测技术研究。基于模型的趋势预测技术假设工艺参数的演化模型服从某种物理的或数学的模式，通过历史数据优化模型参数继而进行趋势预测；基于数据驱动的趋势预测技术则弱化了物理或数学模型的影响，通过数据本身学习工艺参数的演化特性。

5.1　模型驱动的天然气露点预测方法

天然气水露点是商用天然气的一项重要指标，是指在某一特定温度及相对湿度条件下析出水蒸气并凝结成水珠的温度，因此水露点能够表示一定温度和压力的条件下，天然气中水蒸气的含量。如果管输天然气的运行温度高于天然气的水露点，气体会处于未饱和的状态，运输管内没有液态水析出；如果运行温度低于水露点，将析出液态水。运输管道中出现液态水，会增加天然气管道出现介质腐蚀的概率，甚至导致气体水合物的生成，水合物聚集会导致运输管道堵塞，发生生产事故。国家对天然气的水露点有相关的要求，GB 50251—2015《输气管道工程设计规范》规定：管输天然气在管道最高运行压力下的水露点至少比管道周围最低环境温度低 5℃。综上所述，对水露点的检测是十分重要的。

水露点的实时检测一直是化工领域的难题，以七桥中心站橇装脱水装置为例，目前该站水含量和水露点都能够使用相关仪器进行测量，但是水露点的测量仪器造价高昂且容易失效，实际使用效果十分不友好，且并没有直接计算水露点的方法，只能通过物理模型先计算水含量，然后根据 GB/T 22634—2008《天然气水含量和水露点之间换算》所列关系进行换算。所以通过其他检测参数对水露点的估计计算就十分必要了，下面对水含量预测物理模型进行介绍。

5.1.1　天然气水含量预测物理模型

现有露点计算物理模型主要基于水—烃体系平衡等经验模型，多为天然气的压力、温度、组成成分等的拟合公式；实际中，影响因素多，难以综合考虑脱水工艺参数与露点的关系。主要模型有 Sloan 模型、Khaled 模型和简化热力学模型。这些模型主要与天然气压力和天然气温度相关。

（1）Sloan 模型。

$$W_{H_2O} = 16.02 \times \exp\left[a_1 + a_2\ln p + \frac{a_3 + a_4\ln p}{T + 273.15} + \frac{a_5}{(T+273.15)^2 + a_6(\ln p)^2}\right] \tag{5.1}$$

式中：W_{H_2O} 为含水量；a_1, a_2, a_3, a_4, a_5 和 a_6 为方程系数；p 为天然气压力；T 为天然气温度。

（2）Khaled 模型。

$$W_{H_2O} = 16.02\left[\frac{\sum_{i=1}^{5} a_i(T+273.15)^{i-1}}{p} + \sum_{i=1}^{5} b_i(T+273.15)^{i-1}\right] \tag{5.2}$$

式中：a_i（$i=1,2,\cdots,5$）为方程系数；b_i 为方程系数；p 为天然气压力；T 为天然气温度。

（3）简化热力学模型。

$$W_{H_2O} = 761\,900.42\frac{p_{sw}}{\varphi_{H_2O}p}\exp\left[\frac{(p-p_{sw})V_{H_2O}}{R(T+273.15)}\right] \tag{5.3}$$

$$\varphi_{H_2O} = \exp\left[\left(0.069 - \frac{30.905}{T+273.15}\right)p + \left(\frac{0.3179}{T+273.15} - 0.0007654\right)p^2\right] \tag{5.4}$$

$$V_{H_2O} = -0.5168\times10^{-2} + 3.036\times10^{-4}T + 1.784\times10^{-6}T^2 \tag{5.5}$$

式中：p_{sw} 为水的饱和蒸汽压；R 为普适气体常数；p 为天然气压力；T 为天然气温度；V_{H_2O} 为气液平衡时 H_2O 的体积；φ_{H_2O} 为热力学模型简化后的水含量。

5.1.2　多元线性回归建模

线性回归模型是预测常用的模型之一，在实际问题中，通常有多个因素与研究的问题相关，但是并不确定它们之间是否有明确的线性关系，所以可以通过多个检测参数对目标参数进行多元线性回归，求得线性回归模型，然后对模型和回归系数进行显著性检验，最后使用模型对研究的问题进行预测。在脱水装置的 33 个监测参数中，首先需要对进行建模的数据进行清洗，防止异常数据对模型的干扰，然后使用清洗后的数据进行建模。多元线性回归模型建模如下。

假设随机变量 Y 与 m 个解释变量 $X_1, X_2, \cdots, X_m$ 有关，则多元线性回归的基本模型为：

$$Y = X\beta + \varepsilon \tag{5.6}$$

其中

$$Y = (y_1, y_2, \cdots, y_n)^T$$

$$X = \begin{bmatrix} 1 & x_{11} & x_{12} & \cdots & x_{1m} \\ 1 & x_{21} & x_{22} & \cdots & x_{2m} \\ \vdots & \vdots & \vdots & \ddots & \vdots \\ 1 & x_{n1} & x_{n2} & \cdots & x_{nm} \end{bmatrix}_{n(m+1)}$$

$$\boldsymbol{\beta} = (\beta_0, \ \beta_1, \ \cdots, \ \beta_m)^{\mathrm{T}}$$

使用最小二乘法估计多元线性模型的未知参数 $\boldsymbol{\beta}$。假设 $\hat{\boldsymbol{\beta}} = (\hat{\beta}_0, \ \hat{\beta}_1, \cdots)^{\mathrm{T}}$ 是 $\boldsymbol{\beta} = (\beta_0, \beta_1, \cdots, \beta_m)$ 的估计，则称：

$$\hat{\boldsymbol{Y}} = \boldsymbol{X}\hat{\boldsymbol{\beta}} \tag{5.7}$$

为经验线性回归方程，其残差平方和为：

$$Q(\beta) = \sum_{i=1}^{n}(y_i - \hat{y}_i)^2 = \left\| \boldsymbol{Y} - \boldsymbol{X}\hat{\boldsymbol{\beta}} \right\|^2 = \boldsymbol{Y}^{\mathrm{T}}\boldsymbol{Y} - 2\boldsymbol{Y}^{\mathrm{T}}\boldsymbol{X}\hat{\boldsymbol{\beta}} + \hat{\boldsymbol{\beta}}^{\mathrm{T}}\boldsymbol{X}^{\mathrm{T}}\boldsymbol{X}\hat{\boldsymbol{\beta}} \tag{5.8}$$

$\boldsymbol{\beta}$ 的最小二乘估计就是是的残差平方和最小，即式（5.8）的值为最小，在矩阵 $\boldsymbol{X}$ 为满秩的情况下，$\boldsymbol{\beta}$ 的最小二乘估计可由下式求得：

$$\hat{\boldsymbol{\beta}} = (\boldsymbol{X}^{\mathrm{T}}\boldsymbol{X})^{-1}\boldsymbol{X}^{\mathrm{T}}\boldsymbol{Y} \tag{5.9}$$

在预测水露点的问题中，由于并不能直接知道检测参数与水露点之间存在线性相关的关系，因此求出经验回归方程之后需要对回归模型和回归系数进行显著性检验，剔除影响不显著的检测参数，并重新建立模型。

然后再使用已经建立好的模型进行预测。对于最新的检测参数值 $\boldsymbol{X}_{\mathrm{new}} = (1, \ x_{01}, \ x_{02}, \ \cdots, \ x_{0m})$ 时，对应 $\boldsymbol{Y}$ 的预测值为：

$$\hat{\boldsymbol{y}}_{\mathrm{new}} = \boldsymbol{X}_{\mathrm{new}}\hat{\boldsymbol{\beta}} \tag{5.10}$$

下面是使用多元线性回归对 5.1.1 小节中的水含量预测物理模型进行参数估计，并进行预测的效果，如图 5.1 至图 5.3 所示。

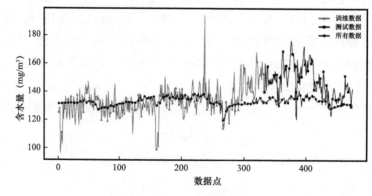

图 5.1　Sloan 预测效果

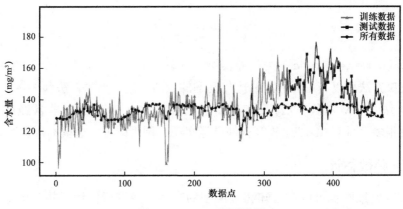

图 5.2 Khaled 预测效果

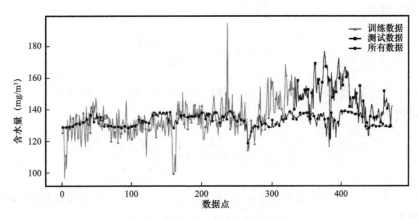

图 5.3 简化热力学模型预测效果

5.1.3 非线性最小二乘法参数估计

当一个物理模型是关于未知参数的线性组合时，寻找未知参数的回归过程称为线性最小二乘法（Least Square，LS）。但当一个物理模型是关于未知参数的非线性组合时，寻找未知参数的过程则为非线性最小二乘法（Non-linear Least Squares，NLS），它是一种基于观测数据与模型数据之间的残平方和的最小来估计物理模型中未知参数的方法。假设待测参数服从以下物理模型，x 是关于 y 的非线性组合：

$$y=f(x, \alpha) \tag{5.11}$$

式中 $\alpha=(\alpha_1, \alpha_2, \cdots, \alpha_n)^T$ 为待定参数（向量）。

为了估计参数 α，对于给定的 m 组采样数据 (x_1, y_1)，(x_2, y_2)，$\cdots$，(x_m, y_m)，基于物理模型的输出值和实际采样值的误差平方和 $Q(\alpha)$，求解目标函数

$$Q(\alpha) = \sum_{i=1}^{m} \left[y_i - f(x_i, \alpha) \right]^2 \tag{5.12}$$

非线性最小二乘问题是求向量 α 使得 $Q(\alpha)$ 为最小，可以简略表示为：

$$\min_{\alpha} Q(\alpha) = \sum_{i=1}^{m} L_i(\alpha)^2 \qquad (5.13)$$

其中 $L_i(\alpha) = y_i - f(x_i, \alpha)$ 为误差函数。显然，式（5.13）为一个无约束优化问题，该问题的解决方法可以套用无约束的优化问题的数值方法，如牛顿法和 L-M（Levenberg-Marquardt）法。L-M 迭代方法，是应用最广泛的方法。由于 L-M 非常经典，其算法原理获取途径很多，且有 MATLAB 等软件已经实现，调用即可，这里不再赘述。

5.1.4 BM 参数估计

基于贝叶斯推断也可以对已知物理模型的未知参数进行估计，并能降低未知参数识别带来的不确定性。贝叶斯定理有以下表达形式：

概率表达形式

$$P(A|B) = \frac{P(B|A)P(A)}{P(B)} \qquad (5.14)$$

式中：$P(A)$ 为先验概率；$P(A|B)$ 为后验概率；$P(B|A)$ 为似然概率。

概率密度表达形式

$$f_x(x|Y=y) = \frac{f_Y(y|X=x)f_X(x)}{f_Y(y)} \qquad (5.15)$$

式中，$f_X(x)$ 为先验概率密度函数；$f_X(x|Y=y)$ 为后验概率密度函数；$f_Y(y|X=x)$ 为似然概率密度函数。

利用贝叶斯公式进行未知参数的估计实际上就是先假设未知参数符合某一种分布即先验分布，在某一范围选择合适参数，利用根据先验分布推断出的后验推断，给定某迭代次数的参数关于前一次参数的分布后，采样出一个值，如果后验概率值变大，那么就接受这个值，不停重复从而可能收敛至某一值。

对于具有相同先验和后验分布类型的共轭分布，可以从标准概率分布中生成样本。利用贝叶斯推断估计单个未知参数时，可以采用累积概率密度函数的逆矩阵生成样本，但在实际工程应用中，由于存在多个未知参数，导致后验分布可能不符合标准的概率分布，且使得后验分布较为复杂，上述方法则不再适用。在这种情况下，有必要使用一种可以从任意后验分布中产生样本的抽样方法，如采用马尔科夫链蒙特卡罗方法（Markov Chain Monte Carlo，MCMC），如图 5.4 所示。

对于物理模型中的未知参数，通过贝叶斯最大后验概率密度（Bayesian Method，BM）参数估计方法进行未知参数的估计时，其原理是基于 MCMC 的采样。将物理模型的未知参数用向量 θ 表示，其符合均匀分布 $U(\theta-v, \theta+v)$，假设当前未知参数 y 关于 θ 符合正态分布。使用时，在均匀分布采样 θ，并依照设定标准进行参数更新。虚线部分表示采样结果不符合标准而舍弃。

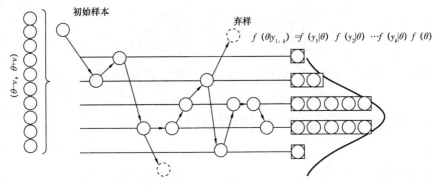

图 5.4　MCMC 采样原理示意图

考虑一随机过程，把其认为是一个马尔科夫过程，若过程满足细致平稳条件

$$\boldsymbol{\pi}(i)\,\boldsymbol{P}_{i,j}=\boldsymbol{\pi}(j)\,\boldsymbol{P}_{j,i} \tag{5.16}$$

式中，$\boldsymbol{\pi}(i)$ 是马氏链的平稳概率分布；$\boldsymbol{P}_{i,j}$ 是由状态 i 到状态 j 的周期位移概率。对于任一初始概率矩阵 $\boldsymbol{P}(i)$，若取周期位移矩阵 $\boldsymbol{Q}$：

$$\boldsymbol{Q}(i,j)=\boldsymbol{q}(i,j)\,\boldsymbol{\alpha}(i,j) \tag{5.17}$$

式中，$\boldsymbol{\alpha}(i,j)$ 满足

$$\boldsymbol{\alpha}(i,j)=\boldsymbol{p}(j)\,\boldsymbol{q}(j,i) \tag{5.18}$$

则将 $\boldsymbol{Q}$ 代入式（5.18）中，细致平稳条件成立。

因此根据马氏链的特点，当周期位移足够多的次数时，就可以得到关于 $\boldsymbol{p}(x)$ 的样本，这种方法同样可以用于参数估计来估计参数的分布，将这种方法改进后则有表 5.1 的算法。表 5.1 为 Metropolis–Hastings 算法流程。

表 5.1　Metropolis–Hastings 算法流程

Metropolis–Hastings algorithm
①：初始化马氏链初始状态 $X_0=x_0$
②：for $I=1$ to n_s
– 从提出的分布采样 $x^*\sim g\left(x^*\|x^{i-1}\right)$
– 从均匀分布中采样 $u\sim U(0,1)$
–if $u<Q\left(\theta^{i-1},\theta^*\right)=\min\left(1,\dfrac{f\left(\theta^*\|y\right)g\left(\theta^{i-1}\|\theta^*\right)}{f\left(\theta^{i-1}\|y\right)g\left(\theta^*\|\theta^{i-1}\right)}\right)$
$\theta^i=\theta^*$
–else
$\theta^i=\theta^{i-1}$

很多时候，我们选择的马尔科夫链状态转移矩阵 $\boldsymbol{g}$ 如果是对称的，即满足 $g(i,j)=g(j,i)$，这时可以将表 5.1 中 $\boldsymbol{Q}$ 改写为：

$$Q\left(\theta^{i-1}, \theta^{*}\right) = \min\left(1, \frac{f\left(\theta^{*} \mid y\right)}{f\left(\theta^{i-1} \mid y\right)}\right) \tag{5.19}$$

经过有限次的迭代，就可以估计出相应物理模型中的未知参数。

5.2　基于向量自回归的参数预测方法

5.2.1　预测原理

向量自回归（Vector autoregression，VAR）模型是一种回归预测模型，该模型主要用来处理多变量时间序列数据，通过从多元时间序列提取参数间的相互影响关系，实现对多变量参数系统的预测。

对于三甘醇脱水装置设备子系统具有 n 个监测参数和 T 个时刻的多变量训练集数据 $\boldsymbol{Y} \in \boldsymbol{R}^{n \times T}$，

$$\boldsymbol{Y} = \begin{bmatrix} y_{11} \cdots y_{1t} \cdots y_{1T} \\ y_{21} \cdots y_{2t} \cdots y_{2T} \\ \vdots \ddots \vdots \ddots \vdots \\ y_{n1} \cdots y_{nt} \cdots y_{nT} \end{bmatrix} \in \boldsymbol{R}^{n \times T} \tag{5.20}$$

VAR 模型可表示为：

$$y_{t} = \boldsymbol{c} + \sum_{k=1}^{p} \boldsymbol{A}_{k} y_{t-k} + \varepsilon_{t} \quad t = p+1, \cdots, T \tag{5.21}$$

式中：p 为模型滞后阶数，常根据 AIC、BIC 和 HQIC 等准则选取；A_k 为系数矩阵，$\boldsymbol{A}_k \in \boldsymbol{R}^{n \times n}$；$\varepsilon_t$ 为高斯白噪声；c 为截距矩阵。

$$\boldsymbol{y}_{t-k} = \begin{bmatrix} y_{1t-k} \\ y_{2t-k} \\ \vdots \\ y_{nt-k} \end{bmatrix} (k = 0, \cdots, p), \boldsymbol{c} = \begin{bmatrix} c_1 \\ c_2 \\ \vdots \\ c_n \end{bmatrix}, \boldsymbol{\varepsilon}_t = \begin{bmatrix} \varepsilon_{1t} \\ \varepsilon_{2t} \\ \vdots \\ \varepsilon_{nt} \end{bmatrix} \tag{5.22}$$

$$\boldsymbol{A}_k = \begin{bmatrix} a_{11}(k) & a_{12}(k) & \cdots & a_{1n}(k) \\ a_{21}(k) & a_{22}(k) & \cdots & a_{2n}(k) \\ \vdots & \vdots & \ddots & \vdots \\ a_{n1}(k) & a_{n2}(k) & \cdots & a_{nn}(k) \end{bmatrix} \tag{5.23}$$

令 $\boldsymbol{A} = \left[\boldsymbol{c}, \boldsymbol{A}_1, \cdots, \boldsymbol{A}_p\right]^{\mathrm{T}}$，$\boldsymbol{\varphi}_t = \left[1, y_{t-1}, \cdots, y_{t-p}\right]^{\mathrm{T}}$，同时忽略高斯白噪声，则式（5.21）改写为：

$$\boldsymbol{y}_t = \boldsymbol{A}^{\mathrm{T}} \boldsymbol{\varphi}_t \quad t = p+1, \cdots, T \tag{5.24}$$

同时令

$$Z = \begin{bmatrix} y_{d+1}^{\mathrm{T}} \\ y_{d+2}^{\mathrm{T}} \\ \vdots \\ y_T^{\mathrm{T}} \end{bmatrix}, Q = \begin{bmatrix} \varphi_{d+1}^{\mathrm{T}} \\ \varphi_{d+2}^{\mathrm{T}} \\ \vdots \\ \varphi_T^{\mathrm{T}} \end{bmatrix} \tag{5.25}$$

由最小二乘法，参数矩阵 A 的最优解为，

$$A = (Q^{\mathrm{T}}Q)^{-1}Q^{\mathrm{T}}Z \tag{5.26}$$

VAR 模型适用于平稳时间序列的预测，对于非平稳时间序列使用 VAR 建模时，常通过差分操作使非平稳时间序列平稳化，或通过检验变量间的协整关系，协整关系反映了变量间的长期稳定的比例关系，当变量间满足协整关系时，即使时间序列不平稳，仍然可采用 VAR 建模预测。三甘醇脱水装置是一个长期稳定运行的系统，设备子系统的各参数具有强的相关性，满足协整关系，因此采用 VAR 模型对设备子系统预测并预警，VAR 模型预测流程见表 5.2。

表 5.2　VAR 模型预测流程

输入：输入设备子系统参数数据 输出：各参数的预测数据
①各参数数据协整关系检验，满足协整关系表明参数适合 VAR 预测模型； ②根据 AIC、BIC 和 HQIC 等准则选取 p 值，由于根据准则所选的 p 值是最小值，也可调整 p 值使模型具有更好的预测效果； ③根据 $A = (Q^{\mathrm{T}}Q)^{-1}Q^{\mathrm{T}}Z$ 进行参数估计； ④选择预测长度，进行预测

5.2.2　工艺参数预测方法

三甘醇脱水装置监测参数预测以设备为单位进行预测，预测时由检维修平台提供数据，并预测未来 1h 的数据运行趋势，在预测时结合监测数据的阈值对参数趋势预警，三甘醇脱水装置监测参数预测和预警流程图如图 5.5 所示。

针对闪蒸罐设备子系统，其参数包括闪蒸罐压力控制阀开度、闪蒸罐液位、闪蒸罐液位控制阀开度和闪蒸罐压力，取 2017 年 6 月 14 日 6 时至 8 时两个小时的数据作为验证数据，以前 60% 的数据为训练数据、后 40% 的数据为测试数据。由于组成子系统的参数具有相关性，因此各参数满足协整关系，适合于 VAR 模型预测。通常

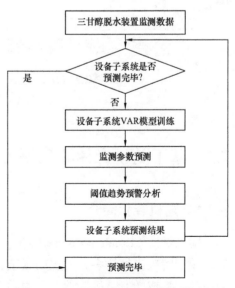

图 5.5　三甘醇脱水装置监测参数预测流程

AIC、BIC 和 HQIC 等准则选取的 p 值过小，预测效果偏离真实趋势，因此选取 0.1 倍的训练长度作为 p 值，其预测效果如图 5.6 所示。由设定的参数阈值知，闪蒸罐压力阈值为 0.3~0.55MPa，闪蒸罐压力阀开度阈值为 0~100%，闪蒸罐液位阈值为 40%~60%，闪蒸罐液位阀开度阈值为 0~100%，由表 4.1 知各参数均在阈值内运行，其预测趋势与实际值的趋势一致。表明了 VAR 模型对于三甘醇脱水装置监测参数有良好的预测效果。

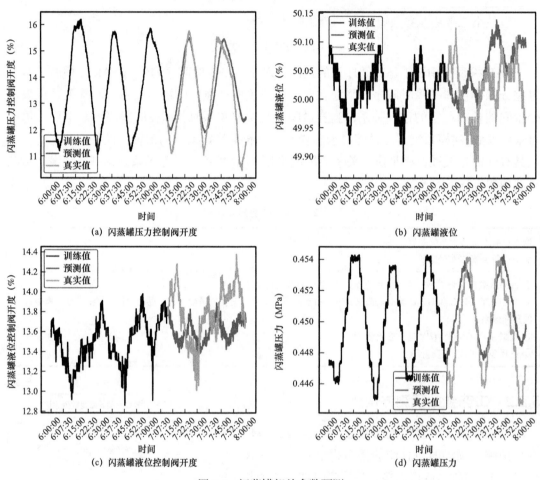

图 5.6　闪蒸罐相关参数预测

5.3　基于随机森林的预测方法

5.3.1　随机森林简介

随机森林（Rondom Forest，RF）是由 Leo Breiman 在 2001 年提出来的一种集群分类器，用于解决决策树中分类规则复杂、局部收敛以及过度拟合等问题，是集成学习方法的一种。集成学习是机器学习中的一个重要分支，属于监督学习。它利用某种学习规则把多个弱分类器整合成一个强分类器。在解决问题时把单个分类器看成某个决策者，那么集成学习就是多个决策者投票完成某一项决策的过程。

集成学习的方法中，Boosting 和 Bagging（bootstrap aggregating）两种算法应用十分典型。Boosting 方法中的子分类器的训练样本是根据之前训练的分类器的表现提取得到；而 Bagging 方法是从训练集中抽取部分样本来生成决策树，各个决策树相互独立。

决策树是随机森林的基分类器。决策树是一种树状结构的单分类器，通过训练含标签的数据集，可以快速得到数据的分类，训练之后可以反复使用该模型。训练好的模型也可以用来对新产生的数据进行预测和分类。决策树的本质就是使用一类规则对数据进行分析的过程。其常见的算法有 ID3、C4.5 和 CART 等，它们的区别在于决策树分裂的规则不同。其中，ID3 算法和 C4.5 算法的分类规则是信息熵增益，而 CART 的分类规则是 Gini 不纯度。由于随机森林模型的基分类器是 CART 决策树，所以这里简要介绍 CART 算法。

CART 算法是由 L. Breiman 和 C.Stone 等在 1984 年提出的一种决策树算法，其分裂规则是 Gini 不纯度最小准则，表达式为：

$$\text{Gini} = 1 - \sum_{j=1}^{c} \left[p(j|t) \right]^2 \qquad j=1,2,\cdots,c \tag{5.27}$$

式中 $p(j|t)$ 表示节点 t 上类别为 j 的概率，当节点 t 的所有样本均属于同一类时，Gini 指数为最小值 0，表示样本最纯；当 Gini 指数区最大值 1 时，表示样本最不纯。

如果将样本集合划分成 m 个分支，则当前节点进行分裂的 Gini 指数为：

$$\text{Gini}(X) = \sum_{i=1}^{m} \frac{n_i}{n} \text{Gini}(i) \tag{5.28}$$

式中 m 为子节点的个数，n_i 为子节点 i 处的样本量，n 为上层节点处的样本个数。

CART 算法在训练过程中会选择最小 Gini 指标的变量作为节点进行分类，然后通过递归的形式构建决策树，直到达到停止条件。

随机森林的出现是为了解决单个决策树容易出现局部最优解而非全局最优解和容易过拟合的两种情况。随机森林是综合考虑多个决策树形成的集中集成分类器模型，可以用于分类和回归相关的问题，随机森林的投票决策过程如式（5.29）所示：

$$H(x) = \arg\max_Y \sum_{i=1}^{k} I\left(h_i(x) = Y\right) \tag{5.29}$$

式中 $H(x)$ 表示最后的组合决策模型；h_i 表示其中某一个决策树；Y 为输出变量；$I(\cdot)$ 为指示性函数。算法的实质是根据得票数最多的一类作为最后的分类结果。

随机森林算法过程如图 5.7 所示，主要分为生成随机森林模型和进行决策两个阶段。在生产随机森林阶段，首先需要通过 Bagging 抽样产生训练集。N 棵决策树的森林需要 N 个训练集，为了避免产生局部最优解，随机森林采用有放回的 Bagging 随机抽样产生 N

个训练集，这会使训练样本中出现重复子集的情况。然后是单个决策树的构建，每个决策树的生成都会包括节点分裂和随机特征变量的随机选取。节点分裂是构建决策树重要的一步，随机森林的基分类器是 CART，由式（5.27）构建。随机特征变量是指节点分裂中用于比较最佳属性的特征数目，决策树在节点分裂时会在所有特征中随机选择一部分用于计算最佳分裂属性，并不是所有的特征属性都参与计算，一般取（$m=\log_2 M+1$ 或者 $m=\sqrt{M}$），M 为输入变量的个数，这样可以减少决策树之间的相关性，同时提升每棵决策树的分类精度。在决策阶段就是使用新的测试样本进行测试，然后根据式（5.29）进行投票决策。最终的模型就是随机森林模型，对于一个新的预测样本，输入随机森林之后，随机森林会对新的预测样本进行分类，然后综合每棵决策树的分裂结果，根据式（5.29）综合决策，就能得到相应的预测结果。

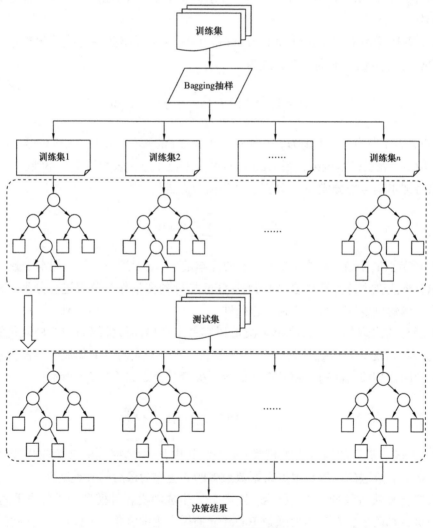

图 5.7　随机森林构建过程

5.3.2 特征选择与模型评价

5.3.2.1 GBDT 特征选择

梯度提升树（Gradient Boosting Decision Tree，GBDT）是一种由回归树组成的集成学习模型，是典型的 Boosting 模型，可用于回归、分类和特征选择，其具体思想是不断计算模型损失函数的负梯度，并将负梯度作为原始数据集中样本新的目标值，建立新的回归树生成弱学习器，得到最优模型。由于测量的因素，数据集标签由有限标签组成，为获取尽可能多的特征，采用 GBDT 多分类方法进行特征选择。

给定数据集 $\{x_i, y_i\}_{i=1}^N$，共有 K 个类别，GBDT 建模过程如下。

模型初始化为 $F_{k0}(x)=0$，$k=1$，$\cdots$，K，模型损失函数为：

$$L\left(\{y_k, F_k(x)\}_1^K\right) = -\sum_{k=1}^K y_k \ln p_k(x) \tag{5.30}$$

其中，对于类别 k，$y_k=1 \in \{0,\ 1\}$。

对于迭代次数 $m=1:M$，以均方误差作为节点分裂准则，每个样本所属类别的概率 $p_k(x)$ 为：

$$p_k(x) = \frac{\exp(F_k(x))}{\sum_{l=1}^K \exp(F_l(x))} \tag{5.31}$$

在第 m 次迭代中，对于类别 $k=1:K$，第 i 个样本对应类别 k 的负梯度为：

$$\tilde{y}_{ik} = -\left[\frac{\partial L\left(\{y_{il}, F_l(x_i)\}_{l=1}^K\right)}{\partial F_k(x_i)}\right]_{\{F_l(x)=F_{l,m-1}(x)\}_1^K} = y_{ik} - p_{k,m-1}(x_i) \tag{5.32}$$

在第 m 次时引入 K 棵树，以在概率标度上预测每个类别的相应当前的残差。各树的相应节点所含的样本表示为 $\{R_{jkm}\}_{j=1}^J$，其节点值为：

$$\gamma_{jkm} = \arg\min_{\gamma_{jk}} \sum_{i=1}^N \sum_{k=1}^K L\left(y_{ik}, F_{k,m-1}(x_i)\right) + \sum_{j=1}^J \gamma_{jk} \quad (x \in R_{jm}) \tag{5.33}$$

同时 γ_{jkm} 难以优化，采用近似值替代，其值为：

$$\gamma_{jkm} = \frac{K-1}{K} \frac{\sum_{x_i \in R_{jkm}} \tilde{y}_{ik}}{\sum_{x_i \in R_{jkm}} |\tilde{y}_{ik}|\left(1-|\tilde{y}_{ik}|\right)} \tag{5.34}$$

在建立第 m 次迭代的第 k 棵树后，模型更新如下：

$$F_{km}(x) = F_{k,m-1}(x) + \sum_{j=1}^{J} \gamma_{jkm} \quad (x \in R_{jkm})$$ （5.35）

对模型进行训练，以获得模型中特征的参数重要性，并通过设定阈值选择对模型目标值有重要影响的特征。在 GBDT 中，模型树的建立即节点的分裂由参数特征决定，对模型影响关键的参数将更多地影响模型的建立，因此参数特征 j 的参数重要性可通过模型迭代过程中的平均重要程度来衡量：

$$\hat{I}_{jk}^2 = \frac{1}{M} \sum_{m=1}^{M} \hat{I}_j^2(T_{km})$$ （5.36）

其中，$\hat{I}_{jk}$ 为特征 j 在区分 k 类和其他类中的重要性；T_{km} 是迭代 m 处，第 k 类的树；全局的特征 j 的重要性为：

$$\hat{I}_j = \frac{1}{K} \sum_{k=1}^{K} \hat{I}_{jk}$$ （5.37）

假设每棵树都是二叉树，第 m 次迭代的第 k 棵树，特征 j 的参数重要性计算如下：

$$I_j^2(T_{km}) = \sum_{t=1}^{L} l_t^2 \quad (v_t = j)$$ （5.38）

其中，L 是二叉树非终端节点的数量；v_t 是与节点 t 相关的特征；l_t^2 是节点 t 分裂前后的之后的平方损失，l_t 的定义如下：

$$l_t = n_t imp_t - n_l imp_l - n_r imp_r$$ （5.39）

其中：n_t 是节点 t 分裂前的样本数量；n_l 是分裂后左节点的样本数量；n_r 是分裂后右节点的样本数量；imp_t 是节点 t 分裂前的样本均方误差；imp_l 是分裂后左节点的样本均方误差；imp_r 是分裂后右节点的样本均方误差。GBDT 关键特征选择流程如图 5.8 所示。

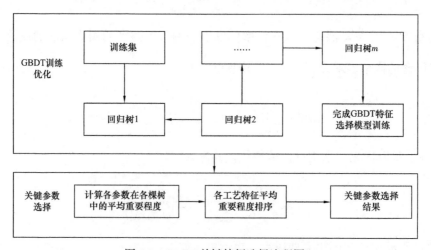

图 5.8　GBDT 关键特征选择流程图

5.3.2.2　XGBoost 特征选择

极限梯度提升算法（eXtreme Gradient Boosting，XGBoost）模型表达式为：

$$\hat{y}_i = m_J(x_i) = \sum_{j=1}^{J} f_j(x_i) \quad f_j \in F \tag{5.40}$$

式中：J 为回归树的数量；f_j 表示回归树；F 为所有回归树的集合。

对应的目标函数为：

$$\mathcal{L}(\phi) = \sum_i l(\hat{y}_i, y_i) + \sum_j \Omega(f_j) \tag{5.41}$$

其中 l 为损失函数，表征预测值与观测值之间的误差；Ω 是用于防止过拟合的正则项函数，有：

$$\Omega(f_j) = YT + \frac{\lambda}{2}\|w\|^2 \tag{5.42}$$

式中：Y 和 λ 为惩罚系数；T 表示给定一棵树的叶节点数目；w 为每棵树上叶节点的权重。

设 $\hat{y}_i^{(t)}$ 为第 i 个样本在第 t 次迭代后的预测值，有：

$$\hat{y}_i^{(t)} = \hat{y}_i^{(t-1)} + f_t(x_i) \tag{5.43}$$

则对目标函数进行二阶泰勒展开，有：

$$\mathcal{L}^{(t)} = \sum_i \left[l(y_i, \hat{y}_i^{(t-1)}) + g_i f_t(x_i) + \frac{1}{2} h_i f_t^2(x_i) \right] + \Omega(f) \tag{5.44}$$

其中，g_i 和 h_i 分别表示一阶与二阶梯度，有：

$$\begin{cases} g_i = \partial_{\hat{y}_i^{(t-1)}} l(y_i, \hat{y}_i^{(t-1)}) \\ h_i = \partial_{\hat{y}_i^{(t-1)}}^2 l(y_i, \hat{y}_i^{(t-1)}) \end{cases} \tag{5.45}$$

将式（5.42）与式（5.45）代入目标函数的二阶泰勒展开式，当其导数为零时，最佳权重及目标函数为：

$$w_j^* = -\frac{\sum g_i}{\sum h_i + \lambda} \tag{5.46}$$

$$\tilde{\mathcal{L}}^{(t)}(q) = -\frac{1}{2}\sum_{j=1}^{T} \frac{(\sum g_i)^2}{\sum h_i + \lambda} + \gamma T \tag{5.47}$$

XGBoost 特征的平均增益反映了当前特征分裂所提升的准确率，以该统计量解释特征重要性，每次分裂后模型的增益为：

$$Gain = \frac{1}{2}\left[\frac{\left(\sum\limits_{i \in I_L}\sum g_i\right)^2}{\sum\limits_{i \in I_L} h_i + \lambda} + \frac{\left(\sum\limits_{i \in I_R} g_i\right)^2}{\sum\limits_{i \in I_R} h_i + \lambda} - \frac{\left(\sum\limits_{i \in I} g_i\right)^2}{\sum\limits_{i \in I} h_i + \lambda}\right] - \gamma \qquad (5.48)$$

式中，I_L 与 I_R 分别表示分裂后所有左侧与右侧叶节点的集合。对特征在每个决策树的增益进行加权平均计算即可得到该特征的重要性得分。

5.3.2.3　模型评价方法

采用均方根误差（$RMSE$）与平均绝对误差（MAE）指标评价预测方法的有效性及准确性，有：

$$RMSE = \sqrt{\frac{1}{n}\sum_{i=1}^{n}\left(\hat{y}_i - y_i\right)^2} \qquad (5.49)$$

$$MAE = \frac{1}{n}\sum_{i=1}^{n}\left|\hat{y}_i - y_i\right| \qquad (5.50)$$

式中：n 为样本总数；$\hat{y}_i$ 为测试样本预测值；y_i 为观测值。$RMSE$ 表征了预测值与观测值之间的偏差，而 MAE 在衡量预测值与观测值绝对误差，当这两个指标的数值越小时，表征方法拟合效果越好、性能越好。

5.3.3　基于随机森林的露点预测方法

使用 RF 模型对特征选择后的监测参数预测水露点 / 损耗量，RF 通过多棵决策树组合进行分类与回归，克服了单棵决策树容易出现的结果不稳定现象，具有良好的预测效果。

露点预测的随机森林构建步骤为：

（1）记三甘醇脱水装置天然气水露点 / 损耗量训练数据集为 $S = (x_i, y_i)_{i=1}^{N}$，生成随机向量序列 θ_i（i=1，2，$\cdots$，k）；利用 Bagging 重抽样法对 S 进行随机抽样，进而得到 k 个样本容积与 S 相同的样本子集。

（2）对于特征参数集 X，针对每个样本子集建立决策树回归模型 $h(X, \theta_i)$（i=1,2,$\cdots$，k）；随机选择 m 个特征，m 应小于总的特征数，使得每个叶节点选择最大信息增益的特征进行分裂，同时不进行剪枝处理。其中信息增益表示如下：

$$Gain(A) = Entropy(D) - \sum_{j=1}^{w}\frac{|D_j|}{|D|}Entropy(D_j) \qquad (5.51)$$

$$Entropy(D) = -\sum_{i=1}^{m} p_i \log_2 p_i \qquad (5.52)$$

式中：$Gain$（A）表示某个属性 A 的增益值；$Entropy$（D）和 $Entropy$（D_j）分别表示节点

D 和 D_j 的信息熵；i 为回归或分类值；p_i 为对应值发生的概率；w 为划分节点的个数；$\dfrac{|D_j|}{|D|}$

为第 m 个划分节点的权重值。

（3）所有样本子集训练完成后，得到决策树回归模型序列，取所有样本子集的回归值均值，采用投票的方式得到随机森林的最终结果。

在三甘醇脱水装置天然气水露点 / 损耗量预测中，用 XGBoost 筛选出的影响水露点 / 损耗量关键特征参数建立特征变量 X，输入至 RF 预测模型得到水露点 / 损耗量的预测结果。其流程如图 5.9 所示。

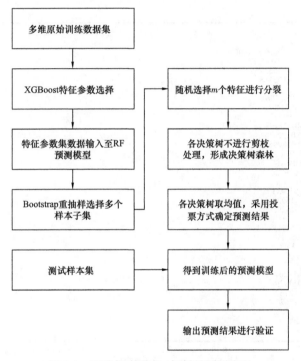

图 5.9　天然气水露点 / 损耗量预测流程

以脱水装置监测工艺参数为特征参数集，收集了脱水装置 2016 年至 2019 年共计 495 条监测数据及天然气水露点的巡检数据，数据集如图 5.10 所示。

针对该三甘醇脱水装置多维原始训练数据集，以所有工艺参数为自变量、天然气水露点为因变量，设定 XGBoost 模型损失函数正则项的叶节点复杂性系数 $\gamma=0.0$、惩罚系数 $\lambda=1$、决策树的数量为 5000、决策树最大深度为 8、最小叶子点权重和为 2、学习率为 0.01。得到所有工艺特征参数对于天然气水露点的重要性得分，如图 5.10 所示。

可以看出，出吸收塔富甘醇温度的特征重要性最高，达到 0.29707，说明出吸收塔富甘醇温度对天然气水露点具有较大的影响作用，该参数同时反映了三甘醇进吸收塔温度与湿天然气进塔温度两个影响因素，与实际情况吻合。在模型特征选择中，过多或过少的特征数都会导致模型的预测失效，根据重要性得分进行排序，随着特征个数的增加，在特征集为前 9 个特征时 *RMSE* 及 *MAE* 均达到最小值，故选择前 9 个工艺参数作为后续 RF 预测模型的特征参数集，见表 5.3。

表 5.3　RF 预测模型特征参数集

序号	参数名称	序号	参数名称	序号	参数名称
P14	出吸收塔富甘醇温度	P30	循环泵变频器给定值	P31	灼烧炉炉膛温度
P4	吸收塔差压	P25	燃料气压力	P15	进闪蒸罐富甘醇温度
P11	计量温度	P13	压力控制阀开度	P2	原料气分离器液位

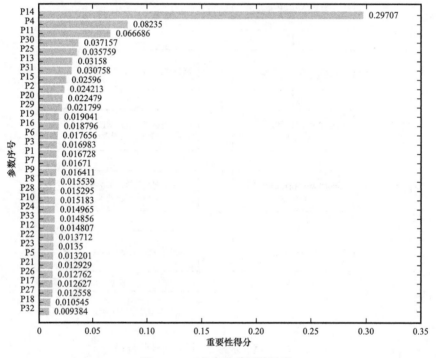

图 5.10　工艺参数重要性排序

　　设置测试集与训练集的比例为 0.25，为了更好地验证所提方法的优越性，在全部特征以及特征选择后的参数集中运用 RF、XGBoost、支持向量机（Support Vector Machine，SVM）进行对比分析验证，对比结果如图 5.11 和图 5.12 所示。图 5.11 表示了以全部工艺参数作为后续预测模型的特征集时各种预测模型的预测结果对比图，图 5.12 表示了采用 XGBoost 选择的特征参数作为预测模型特征集时各种预测模型的预测结果对比图。可以看出，无论是以全部参数为特征还是进行特征选择后，RF 的预测值相较于其余两个模型而言更接近真实值，吻合效果更佳，说明 RF 用于天然气水露点预测领域具有较强的可行性。

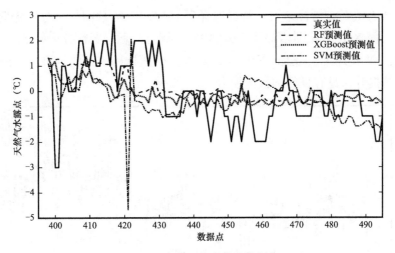

图 5.11　全部工艺参数为特征集

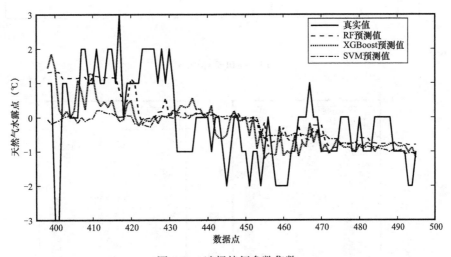

图 5.12　选择特征参数集数

在 5.1 节中，使用物理模型方法 Sloan 模型、Khaled 模型和简化热力学模型对水露点进行的预测，由图 5.1 至图 5.3 可以看出物理模型预测的结果方法有欠拟合的缺点，而且只能预测含水量，再预测含水量后还需查表转换为水露点，而随机森林方法可直接预测水露点，如图 5.13 所示，使用与物理模型方法相同的数据，其效果更优。

为进一步评价模型预测性能，采用均方根误差 *RMSE*、平均绝对误差 *MAE*，对三组预测模型进行误差分析，结果如图 5.14 所示。对于全部参数作为特征集时，RF 的 *MAE* 分别低于 XGBoost 模型的 0.8277℃和 SVM 模型的 1.0053℃，同时其 *RMSE* 均低于其余两组模型；以 XGBoost 选择参数作为特征集时，RF 相较于其余 XGBoost 与 SVM 模型，具有最低的 *MAE* 与 *RMSE*。进一步说明了无论是否进行特征选择，RF 的预测效果更好。对比特征选择前后的评价指标，可以看出 *MAE* 和 *RMSE* 均有一定程度的降低。从 MAE 该指标来看，RF、XGBoost 与 SVM 特征选择后分别减少了 0.0169℃、0.0318℃与

0.0821℃；从 *RMSE* 该指标来看，特征选择后 RF 与 SVM 预测模型分别降低了 0.0146℃ 和 0.2308℃，而 XGBoost 则增加了 0.0204℃，说明出现了极个别异常点，但由 MAE 可看出整体预测效果更佳。综上分析可得，经过特征选择后的预测模型，预测性能均得到了一定程度的提升，具有良好的预测能力。

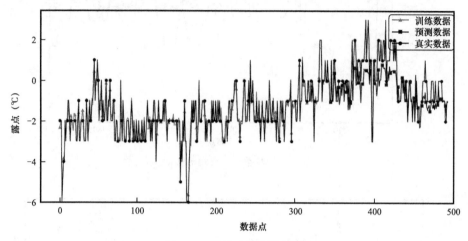

图 5.13　随机森林预测结果

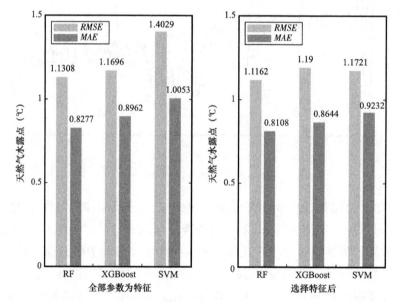

图 5.14　预测结果评价

5.3.4　三甘醇损耗量预测方法

三甘醇损耗极大地影响着装置脱水效果及产品质量。在实际生产中，甘醇损耗与水露点具有类似的过程，即与脱水装置各工艺监测参数相关，本章节利用水露点预测建立的预测方法预测三甘醇损耗量，即利用 XGBoost 与随机森林融合的方法。

利用黄 202 中心站自投产以来最近 5 个月日生产数据训练模型，黄 202 中心站的检测参数与七桥中心站略有不同，见表 5.4，检测数据如图 5.15 所示。图 5.16 显示了甘醇损耗量参数重要性排名，其中缓冲罐液位、进闪蒸罐富甘醇温度和三甘醇入泵前温度等为重要参数。在选择重要参数后，利用随机森林进行损耗量预测。图 5.17 显示了损耗量的预测效果，图中反映出预测值与实际数据有较好的拟合，显示出良好的预测效果。

表 5.4　黄 202 中心站检测参数

参数序号	参数名称	参数序号	参数名称	参数序号	参数名称
1	进装置压力	11	出缓冲罐贫甘醇温度	21	吸收塔液位控制阀开度
2	日处理	12	灼烧炉炉顶温度	22	重沸器温度调节阀开度
3	燃料气压力	13	重沸器前端温度	23	灼烧炉温度控制阀开度
4	闪蒸罐压力	14	重沸器中部温度	24	闪蒸罐液位控制阀开度
5	吸收塔压差	15	灼烧炉炉膛温度	25	三甘醇循环泵变频器给定值
6	计量静压	16	缓冲罐液位	26	三甘醇循环量
7	计量温度	17	过滤分离器液位	27	原料气分离器液位
8	三甘醇入泵前温度	18	闪蒸罐液位	28	日耗醇量
9	精馏柱顶部温度	19	吸收塔磁浮子液位		
10	进闪蒸罐富甘醇温度	20	闪蒸罐压力控制阀开度		

5.4　基于人工智能的预测方法

5.4.1　大数据与人工智能

大数据所涉及的资料量规模巨大到无法通过目前主流工具软件，在合理时间内达到撷取、管理、处理和整理信息并帮助企业经营做出更积极的决策。大数据分析相比于传统的数据仓库应用，具有数据量大、查询分析复杂等特点。在大数据的背景下，人工智能依托计算机，解决了复杂的模式识别、决策和学习等问题，并成为辅助决策的重要方法。人工智能是计算机科学的一个分支，是一种新的能以人类智能相似的方式做出反应的智能机器，该领域的研究包括机器人、语言识别、图像识别、自然语言处理和专家系统等。

在需要对大数据进行分析时，由于数据体量大，个人计算机在解决这类问题时就显得局限，所以随大数据时代兴起的还有云计算和分布式数据挖掘。同时，大数据分析也使得 AI 中的深度学习进一步发展，使得学习模型有了足够多的学习样本，例如著名的围棋机器人阿尔法狗、无人驾驶和人脸识别等都是基于大数据背景下的人工智能产物。

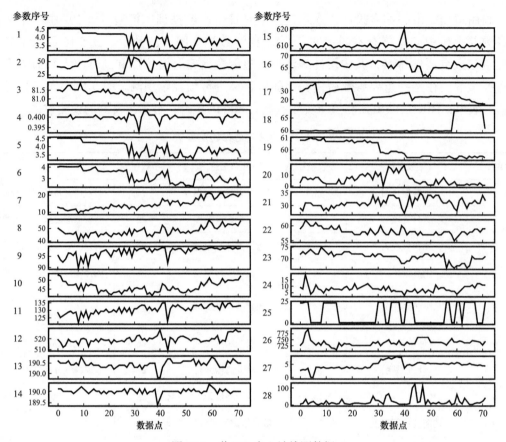

图 5.15　黄 202 中心站检测数据

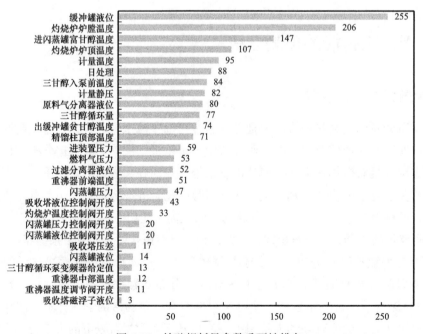

图 5.16　甘醇损耗量参数重要性排名

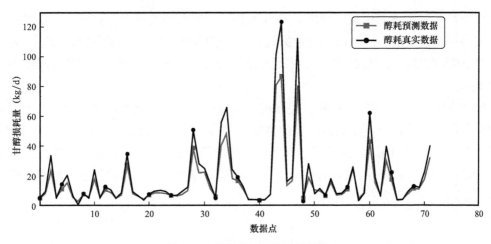

图 5.17　随机森林预测结果分析

脱水装置智能在线诊断系统是在工业大数据背景下，结合人工智能和分布式数据挖掘的天然气脱水装置的故障诊断和检测系统。三甘醇脱水装置是重要的石化生产设备，它包含的运维大数据平台积累了大量的工业检测数据，其中蕴含了设备故障信息，只实现了数据的采集，没有对数据进行充分的利用。脱水装置智能在线诊断系统可在早期发现技术故障，避免重大恶性故障的发生，为现场快速检维修提供指导，提高设备的维护管理水平。

5.4.2　深度学习的预测方法

传统的机器学习一般有数据预处理、特征提取、特征转换和预测 4 个步骤，前三步均为特征处理，在实际工程问题中，不同数据构造方式的差异很大，例如图像可以表示为一个连续的向量，而文本数据则表示为离散的符号。这类需要先将数据表示为一组局部特征，然后将这些特征输入预测模型，并输出预测结果。这类机器学习称为浅层学习。浅层学习的特征处理和预测是分开进行的，在实际应用过程中，特征处理是需要人工干预的，特征表示的好坏对后续的预测有着重要的影响。

机器学习中，通过构建具有一定深度的模型，并通过学习算法让模型自动学习出好的特征表示，从而避免人工提取特征的影响因素，最终提升模型预测的准确率，这种学习方法就称为深度学习。目前深度学习采用的主要模型是神经网络模型，目前较为公认的深度学习基本模型有 4 种，包括循环神经网络（Recurrent Neural Network，RNN）、卷积神经网络（Convolutional Neural Networks，CNN）、基于受限玻尔兹曼机的深度信念网络（Deep Belief Network，DBN）和基于自动编码器的堆叠自动编码器（Stacked autoencoders，SAE）。

（1）RNN 常用来处理具有一定相关性的序列数据，最大的特点就是神经元可以接受来自其他神经元的信息，也能接受自身的信息，形成了环状的网络结构，这样 RNN 就具有一定的短时记忆能力，可以保留数据间的依赖关系。RNN 已经被广泛应用在语音识别，语言模型以及自然语言生成等领域。RNN 在同一个时间步之内共享相同的权重参数，减少了网络训练的难度，同时模型对数据的长度要求降低，可以使用不同长度的序列数据。但是当 RNN 的输入序列较长时，会出现梯度消失和梯度爆炸的问题，这也在早期限制了RNN 的应用。

RNN 能够通过隐藏层的回路，使当前时刻能够接收前一时刻的网络信息，也能够将当前时刻的状态传递给下个时刻。其网络基本结构如图 5.18 所示。在时刻 t，隐藏单元 h接收来自前一时刻隐藏单元的值 h_{t-1} 和当前时刻的输入数据 x_t，并通过隐藏单元的值计算当前时刻的输出。RNN 的前向计算按照时间序列顺序进行，然后使用基于时间的反向传播算法对网络中的参数进行更新。

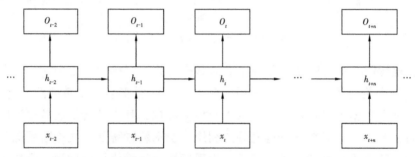

图 5.18　按时间展开的 RNN 结构

为了解决循环神经网络的梯度消失和梯度爆炸的问题，出现的引入门控机制的长短期记忆网络（Long-Short-Term Memory NetWork，LSTM），LSTM 相比如普通的 RNN，隐藏层结构更加的复杂。

（2）CNN 是一种具有局部连接、权重共享等特性的深层前馈神经网络，一般由卷积层、汇聚层和全连接层组成。网络前向计算时，在卷积层生成多个特征图，每个特征图的维度相对如输入层的维度降低。汇聚层也叫子采样层，各个特征层进行池化，其作用是进行特征选择，降低特征的数量，从而减少参数数量。下采样操作及对某一个区域进行下采样，得到对这个区域进行概括的值。常用的下采样函数有两种：

① 最大汇聚，选择区域内所有神经元的最大值作为这个区域的表示，即：

$$y_{m,n} = \max_{i \in R_{m,n}} x_i \tag{5.53}$$

其中 x_i 为该区域内的每个神经元的最大值。

② 平均汇聚，选择区域内所有神经元的平均值作为这个区域的表示，即：

$$y_{m,n} = \frac{1}{R_{m,n}} \sum_{i \in R_{m,n}} x_i \tag{5.54}$$

典型的 CNN 是有卷积层、汇聚层和全连接层交叉堆叠而成，经过全连接层到达网络输出。网络的训练与人工神经网络类似，采用 BP 算法将误差逐层反向进行传递，使用梯度下降法调整各层之间的参数。CNN 是提取数据的局部特征，并逐层组合抽象生成高级特征，多用于处理图像识别的问题。其整体结构如图 5.19 所示，其中 ReLu 和 Softmax 均为激活函数。

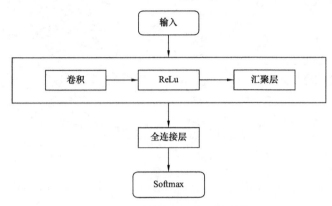

图 5.19　卷积神经网络整体结构

（3）DBN 建立了模拟人类大脑的神经网络连接结构，能够通过组合底层特征形成更加抽象的高层表示，发现数据的分布式特征，在样本集有限的情况下能够实现学习数据集的本质特征，达到实现测量数据从低级到高级的特征表示和抽取。其在故障诊断，寿命预测等领域已经有了十分丰硕的成果。

DBN 本质是一个概率生产模型，其模拟人类大脑外部信号的功能，每个单元由限制性玻尔兹曼机（Restricted Boltzmann Machine，RBM）组成，如图 5.20 所示，h 表示隐变量，v 表示可观测变量，图 5.20 为 9 个变量组成的 RBM。RBM 的堆叠和一个分类器组合构成深度网络，它通过正向的贪婪算法逐层向前学习并且结合梯度下降的反向微调机制，从而达到最佳的训练模型。其结构如图 5.21 所示。

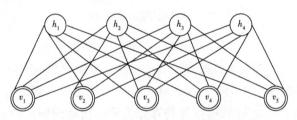

图 5.20　9 个变量的受限玻尔兹曼机示意图

（4）SAE 是使用自编编码器（Autoencoder，AE）按照一定方式堆叠的深度网络。自动编码器由输入层、隐含层以及重构层组成，图 5.22 为 AE 模型的网络结构，图中 x 为外界输入信号，Z 为对 x 进行编码之后记忆在隐含层中的编码信息，$\hat{x}$ 为对 Z 解码后所得到的重构信号。

SAE 由多个 AE 的网络结构堆叠组成，每个堆叠的 AE 都为单隐层的人工神经网络。通过寻求最优的参数（W，b）使得输出 y 尽可能地重构输入 x，此时隐层输出为 $y_h^{k,2}$ 可看作是输入 x 降维后的低维特征，如图 5.23 所示。

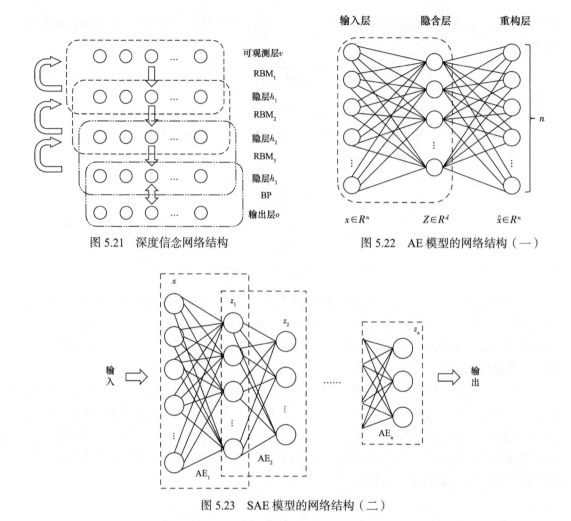

图 5.21　深度信念网络结构　　　　图 5.22　AE 模型的网络结构（一）

图 5.23　SAE 模型的网络结构（二）

SAE 使用梯度下降法对网络进行训练，使得损失函数最小化，它的训练方法和 DBN 一样，是属于逐层训练。在预训练阶段，低层的 AE 单独训练，使得输入和输出之间的误差最小，再将其隐层的输出作为下一层的输入，继续训练，直到所有 AE 层训练完成。在进行全局微调，将预训练之后的权重和偏置作为堆叠自动编码器的初始权重和偏置，然后使用 BP 算法计算，其输出可以看作输入降维后的结果。

5.4.3　基于 LSTM 的预测方法

LSTM 是循环神经网络的一种变体，可以有效解决简单循环神经网络梯度消失或者梯度爆炸的问题。神经网络一般分为输入层、隐含层和输出层，而 LSTM 与传统的 RNN 相比，LSTM 的隐含层具有更加复杂的结构。简单的 RNN 隐含层只有一个状态 h，而 LSTM 的隐含层具有更加复杂的结构，如图 5.24 所示。在 RNN 隐含层的基础上，增加了另一个状态——细胞状态 c（cell state），用于保存信息。

细胞状态实现长期状态的保存是通过遗忘门、输入门和输出门这 3 种状态门实现的。细胞状态可以一直携带前序序列的相关信息，使其能够传播到后面的记忆单元中，这样可以减弱对某一个时刻信息的依赖性。LSTM 单个记忆模块如图 5.25 所示。x_t 为当前样本的输入向量，h_{t-1} 和 h_t 分别为上一样本的隐层输出，f_t 和 o_t 分别为遗忘和输出门的输出，细胞状态更新包括 i_t 和 $\dot{c}_t$ 两部分。下面介绍 LSTM 的 3 个状态门。

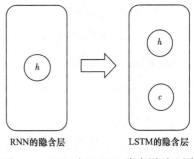

图 5.24　RNN 与 LSTM 隐含层对比图

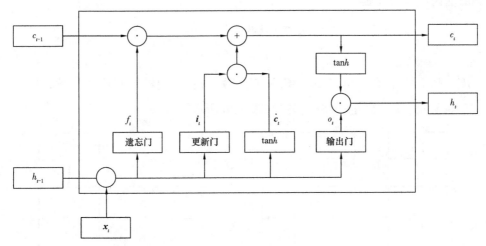

图 5.25　LSTM 循环单元结构

（1）遗忘门。

遗忘门会接收到上一时刻样本输出 h_{t-1} 和当前时刻样本输入 x_t，经过遗忘门输出 f_t 作为更新细胞状态 c_{t-1} 的组成部分。当 f_t=0 时，表示完全遗忘上一时间样本，反之 f_t=1 时则完全保留上一时刻的信息：

$$f_t = \sigma\left(W_f h_{t-1} + U_f x_t + b_f\right) \tag{5.55}$$

式中，σ 表示 sigmoid 激活函数，用变量映射到 0，1 之间。

（2）输入门。

输入门用来处理当前时刻的样本输入，主要有两部分，第一部分使用 sigmoid 激活函数，输出为 i_t，第二部分使用 tanh 激活函数，输出为 $\dot{c}_t$，两部分结果相乘作为更新细胞状态 c_{t-1} 的一部分。

$$i_t = \sigma\left(W_i h_{t-1} + U_i x_t + b_i\right) \tag{5.56}$$

$$\dot{c}_t = \tan h\left(W_{\dot{c}} h_{t-1} + U_{\dot{c}} x_t + b_{\dot{c}}\right) \tag{5.57}$$

（3）细胞状态更新。

细胞状态更新是遗忘门、输入门和上一时刻细胞状态共同作用的结果，由前一时刻细胞状态 c_{t-1} 和遗忘门输出 f_t 的乘积加上输出门 $\boldsymbol{i}_t$ 和 $\dot{\boldsymbol{c}}_t$ 的乘积：

$$c_t = c_{t-1}f_t + \boldsymbol{i}_t\dot{\boldsymbol{c}}_t \tag{5.58}$$

（4）输出门。

输出门用于确定当前时刻的隐藏状态。隐藏状态有两部分组成，第一部分是 o_t，由上一时刻的隐藏状态 h_{t-1} 和当前时刻的样本输入 $\boldsymbol{x}_t$，以及 sigmoid 得到，第二部分由隐藏状态 c_t 和激活函数 $\tanh$ 组成。

$$o_t = \sigma\left(W_o h_{t-1} + U_o \boldsymbol{x}_t + b_o\right) \tag{5.59}$$

$$h_t = o_t \tanh\left(C_t\right) \tag{5.60}$$

其中，$\boldsymbol{W}_f$、$\boldsymbol{U}_f$、$\boldsymbol{W}_{\dot{c}}$、$\boldsymbol{U}_{\dot{c}}$、$\boldsymbol{W}_i$、$\boldsymbol{U}_i$、$\boldsymbol{W}_o$ 和 $\boldsymbol{U}_o$ 分别为各个门结构对应的权值，$\boldsymbol{b}_f$、$\boldsymbol{b}_{\dot{c}}$、$\boldsymbol{b}_i$ 和 $\boldsymbol{b}_o$ 均为偏置量。LSTM 的网络流程图如图 5.26 所示。

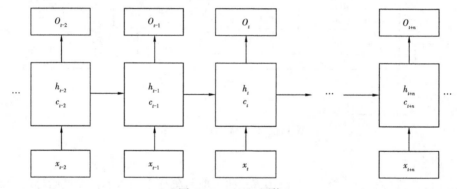

图 5.26　LSTM 网络

LSTM 经过前向传播得到输入和输出与真实值之间的损失值，通过反向传播将这些误差反馈到神经网络中，LSTM 反向传播与 BP 神经网络相似，通过梯度下降法实现对神经网络的参数更新，即对每个参数求偏导。

神经网络的训练过程就是对损失函数求取最优的过程，通过计算所有参数基于损失函数的偏导数减小反向传播误差，常用的损失函数有平均平方误差函数和交叉熵误差函数。使用 LSTM 解决回归预测问题时，使用损失函数式 5.61；解决分类问题时，使用损失函数式（5.62），即：

$$L(\hat{\boldsymbol{y}}_t, \boldsymbol{y}_t) = \frac{1}{2}(\hat{\boldsymbol{y}}_t - \boldsymbol{y}_t)^2 \tag{5.61}$$

$$L(\hat{\boldsymbol{y}}_t, \boldsymbol{y}_t) = -\left(\boldsymbol{y}_t \ln \hat{\boldsymbol{y}}^t + (1 - \boldsymbol{y}_t)\ln\left(1 - \hat{\boldsymbol{y}}^t\right)\right) \tag{5.62}$$

式中：$\hat{\boldsymbol{y}}^t$ 为预测值；$\boldsymbol{y}_t$ 为实际值。

5.4.4　神经高斯过程预测方法

回归分析是建立自变量 X 和因变量 Y 间关系的统计模型，可表示为 $P(Y|X)$，即在给定输入 X 条件下，输出 Y 的概率。由于回归模型 P 刻画了 X 和 Y 间的概率函数关系且 X 和 Y 中的元素数量不定，因此用随机过程表示更为一般化，即 $Y=f(X)$，其中 $f\sim P(f)$。对于目标预测，X 为时间序列，Y 为当前设备对应的状态序列，假定 X_C 和 Y_C 是已知可观测的，X_T 和 Y_T 表示在未来时间序列 X_T 下的未知状态序列 Y_T，则上述目标预测过程为：根据 X_C 和 Y_C 确定出目标函数分布 $P(f_T)$，通过 $Y_T=f_T(X_T)$ 实现对未来时间序列 X_T 下的状态预测。上述过程在贝叶斯理论下可更简洁表示为：已知函数先验分布 $P(f_T)$，求后验分布 $P(f_T|f_C)$。因此，基于随机过程的数据驱动模型目标预测方法的核心是随机过程先验 $P(f_T)$ 的设计以及后验 $P(f_T|f_C)$ 的求解。

高斯过程（Gaussian Process，GP）是最为常用的随机过程，GP 是随机函数 f 服从高斯分布的随机过程，即 $f\sim GP(m,k)$，其中 m 为均值函数 $y=m(x)$，k 为表示协方差矩阵的核函数。在 GP 下，观测函数 f_C 和目标函数 f_T 的联合概率分布为仍为高斯分布：

$$\begin{bmatrix} f_C \\ f_T \end{bmatrix} \sim N\left(\begin{bmatrix} u_C \\ u_T \end{bmatrix}, \begin{bmatrix} \Sigma_C & \Sigma_{CT} \\ \Sigma_{CT}^T & \Sigma_T \end{bmatrix} \right) \tag{5.63}$$

其中 $\begin{bmatrix} u_C \\ u_T \end{bmatrix}$ 为联合分布 $\begin{bmatrix} f_C \\ f_T \end{bmatrix}$ 的均值 m，$\begin{bmatrix} \Sigma_C & \Sigma_{CT} \\ \Sigma_{CT}^T & \Sigma_T \end{bmatrix}$ 为其核函数 k。由此可推知目标函数 f_T 的后验分布为：

$$f_T \mid f_C \sim N\left(u_T + \Sigma_{CT}^T \Sigma_C^{-1} (f - u_C), \sum_T - \Sigma_{CT}^T \Sigma_C^{-1} \Sigma_{CT} \right) \tag{5.64}$$

式（5.64）即为 GP 下的预测模型。从以上可以看出 GP 的主要缺陷为：

（1）需要设计先验分布参数 m 和 k，特别是核函数 k 的选择是影响 GP 的重要因素。先验分布的设计往往依赖于经验，而不同系统的退化过程往往符合不同的退化规律，导致预测模型缺乏通用性。

（2）求解目标预测函数后验分布 $P(f_T|f_C)$ 需计算观测数据协方差逆矩阵 $\sum_C^{-1}$，而对 n 阶矩阵 $\Sigma_{C_{n \times n}}$ 求逆的计算复杂度是 $O(n^3)$。对于目标预测，观测数据量 n 往往很大，计算复杂度过高。

注意力神经过程（Attentive Neural Processes，ANP）模型是一种融合神经网络（Neural Network，NN）和 GP 的概率建模框架。它利用神经网络函数逼近的优势解决了通过经验选择 GP 核函数的困难。这使得模型可以灵活地实现非线性目标预测任务。

ANP 是在随机过程中定义的有限维边际分布，其可视为随机函数 $F:X\to y$。对于每个有限序列 $x_{1:n}=(x_1,\cdots,x_n)$，$x_i\in X$，函数值 $Y_{1:n}=(F(x_1),\cdots,F(x_n))$ 的边际联合分布 $p_{x1:n}(y_{1:n})$ 定义为：

$$p_{x_{1:n}}\left(\boldsymbol{y}_{1:n}\right)=\int\prod_{i=1}^{n}\mathcal{N}\left(y_i\mid f(x_i),\sigma^2\right)p(f)\mathrm{d}f \tag{5.65}$$

其中：$\boldsymbol{y}_{1:n}=(y_1,\ \cdots,\ y_n)$，$y_i$ 是 $F(x_i)$ 的观测值；p 表示所有随机量的抽象概率分布；σ^2 为独立且均匀分布的高斯白噪声。

ANP 通过高维随机隐变量 z 对 F 进行参数化，并使用神经网络 $F(x)=g(x,z)$ 对 F 进行近似。隐变量 z 表征 F 的概率不确定性，其分布形式 $p(z|f)$ 可以假定为高斯分布。F 的函数形式由隐变量 z 唯一确定，因此 F 的计算转换为隐变量 z 的计算。同时使 ANP 可以在没有显式内核函数的情况下自适应地学习和优化。随机过程表示为：

$$p_{x_{1:n}}\left(\boldsymbol{y}_{1:n}\right)=\int p\left(\boldsymbol{y}_{1:n}\mid z,\boldsymbol{x}_{1:n}\right)p(z)\mathrm{d}z \tag{5.66}$$

ANP 天然气水露点预测原理如图 5.27 所示。ANP 由多层感知器（Multilayer Perceptron，MLP）建立的编码器和解码器组成。在编码阶段，模型通过隐藏路径和确定性路径生成隐变量 z 和注意机制 k。在解码阶段，解码器优化模型参数并预测目标值。设脱水系统监测数据集为 $(\boldsymbol{x}_{1:n},\ \boldsymbol{y}_{1:n})$，将工艺监测数据 $(\boldsymbol{x}_{1:n},\ \boldsymbol{y}_{1:n})$ 划分为训练集 $(x_{1:m},\ y_{1:m})(1<m<n)$，和测试集 $(x_{m:n},\ y_{m:n})$。特别地，在模型的训练和测试阶段，数据都由上下文集 $(x_C,\ y_C)$ 和目标集 $(x_T,\ y_T)$ 组成，在训练阶段上下文集 $(x_C,\ y_C)$ 和目标集 $(x_T,\ y_T)$ 来自训练集 $(x_{1:m},\ y_{1:m})$。在测试阶段，上下文集 $(x_C,\ y_C)$ 为训练集 $(x_{1:m},\ y_{1:m})$，目标集 $(x_T,\ y_T)$ 为工艺监测数据集 $(\boldsymbol{x}_{1:n},\ \boldsymbol{y}_{1:n})$，这里目标集包含训练集和测试集，即同时对训练集和测试集预测。目标函数 $F(x_T)$ 的边际联合分布定义为：

$$p\left(\hat{y}_T\mid x_T,x_C,y_C\right)=\int p\left(\hat{y}_T\mid x_T,k_*,z_C\right)p\left(z_C\mid s_C\right)\mathrm{d}z_C \tag{5.67}$$

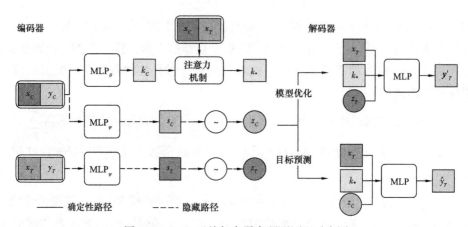

图 5.27　ANP 天然气水露点预测原理示意图

其中：$\hat{\boldsymbol{y}}_T$ 是预测目标向量。s_C 是由上下文集 $(x_C,\ y_C)$ 生成的参数，而 $z_C\sim\mathcal{N}\left(\mu(s_C),I\sigma(s_C)\right)$ 由 s_C 用高斯参数建模。k_* 是模型的注意力机制。对于目标点 $x_p\in x_T$，当 x_p 接近某个 $x_i\in x_C$ 时，预测值 $\hat{y}_p$ 必须接近 $y_i\in y_C$。因此，该模型通过计算目标点 x_p 和 x_C 之间的相似度，将

注意力分配给 x_p 记为 k_{*_p}。该机制充分利用了 x_C 的信息，并为重要的上下文点赋予了该模型更多的权重。注意力机制可以由 Laplace 核、DotProdut 核和 MultiHead 核等定义，为更好描述注意力机制，将 X_C 称为 key，对应矩阵 $\boldsymbol{K} \in R^{n \times d_k}$；$X_T$ 称为 query，对应矩阵 $\boldsymbol{Q} \in R^{m \times d_k}$；表示因子 k_C 称为 value，对应矩阵 $\boldsymbol{V} \in R^{n \times d_v}$。则在不同静态核下的注意力计算函数为：

Laplace 核

$$\text{Laplace}(\boldsymbol{Q}, \boldsymbol{K}, \boldsymbol{V}) = W \qquad V \in R^{m \times d_k} \tag{5.68}$$

$$W_{i \cdot} = \text{softmax}\left[\left(-\|Q_{i \cdot} - K_{j \cdot}\|_1\right)_{j=1}^n\right] \qquad V \in R^n \tag{5.69}$$

DotProdut 核

$$\text{DotProduct}(\boldsymbol{Q}, \boldsymbol{K}, \boldsymbol{V}) = \text{softmax}\left(\frac{QK^T}{\sqrt{d_k}}\right) \qquad V \in R^{m \times d_v} \tag{5.70}$$

MultiHead 核

$$\text{MultiHead}(\boldsymbol{Q}, \boldsymbol{K}, \boldsymbol{V}) = \text{concat}(head_1, \cdots, head_H) \qquad W \in R^{m \times d_v} \tag{5.71}$$

$$head_h = \text{DotProduct}(\boldsymbol{Q}W_h^Q, \boldsymbol{K}W_h^K, \boldsymbol{V}W_h^V) \qquad head_h \in R^{m \times d_v} \tag{5.72}$$

同时，训练阶段通过最大化证据下界（ELBO）来学习编码器和解码器的参数，

$$\ln p(\boldsymbol{y}_T' \mid x_T, k_*, x_C, y_C) \geq E_{q(z \mid x_T, y_T)}\left[\ln p(y_T \mid z_T, k_*, x_T) - \ln\left(q(z_T \mid s_T) / q(z_C \mid s_C)\right)\right] \tag{5.73}$$

其中，$q(z_T \mid s_T)$ 和 $q(z_C \mid s_C)$ 分别是 $q(z_T \mid s_T)$ 和 $q(z_C \mid s_C)$ 的变验后验。值得注意的是，在训练期间天然气水露点值 y_T 是已知的，式（5.73）用于优化编码器和解码器参数，$\boldsymbol{y}_T'$ 是 x_T 的预测向量。在测试过程中式（5.67）用于预测天然气水露点目标值 $\hat{\boldsymbol{y}}_T$。

XGBoost-ANP 天然气水露点预测模型通过历史监测数据自适应地学习了天然气水露点与各监测参数的函数关系，这种函数关系是天然气水露点与各监测参数所特有的，这种关系对于新产生的工艺参数也同样适用，因此通过历史数据建立 XGBoost-ANP 天然气水露点预测模型，将模型嵌入智能监测系统可实现天然气水露点的在线监测，三甘醇脱水装置天然气水露点在线预测流程如图 5.28 所示。

（1）输入采集的脱水系统历史监测数据集为 $\left(x_{1:n}^0, y_{1:n}\right)$；

（2）使用 XGBoost 式（5.37）选择关键特征得到 $(x_{1:n}, \ y_{1:n})$；

（3）划分训练集 $(x_{1:m}, \ y_{1:m})$ 和测试集 $(x_{m:n}, \ y_{m:n})$；

（4）利用式（5.73）训练 ANP 模型参数，利用式（5.67）得到天然气水露点预测曲线，最后输出预测性能评估结果；

（5）将训练好的集成到三甘醇脱水装置智能系统中，对脱水装置天然气水露点进行实时在线预测。

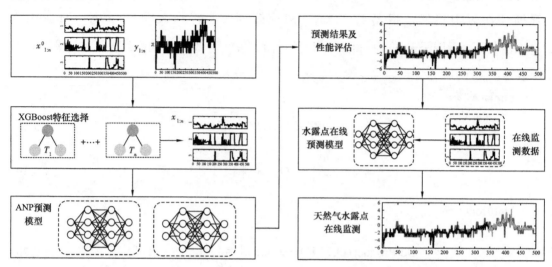

图 5.28　基于 XGBoost 与 ANP 的天然气水露点在线预测流程

使用脱水装置 2016 年到 2019 年的实时监测数据和天然气水露点巡检数据作为模型数据集，如图 3.4 所示，按 7∶3 的比例划分为训练集和测试集。同时使用 GBDT、XGBoost 和 RF 与上述的 ANP 预测模型进行对比。模型通过 MAE 和 RMSE 评价各模型的性能。特征选择使用 XGBoost 方法，参数重要性排序和选择的关键参数如图 5.10 和表 5.3 所示。

天然气水露点的预测性能评价如表 5.5 和图 5.29 所示。表 5.5 分别用 MAE 和 RMSE 评价模型的准确度，两者的评价值越小表示模型的预测准确度越高。其中图 5.29（a）是 GBDT 使用特征选择参数的预测结果，图 5.29（b）是 XGBoost 使用特征选择参数的预测结果，图 5.29（c）为 RF 使用特征选择参数的预测结果，图 5.29（d）为 ANP 使用特征选择参数的预测结果。从表 5.5 可以看出，GBDT 对于训练集的性能好于 ANP，但对于测试集数据，则 ANP 的预测效果更优。其中，对于训练集的预测效果按 XGBoost、RF、GBDT 和 ANP 递减，对于测试集的预测效果 XGBoost、RF 和 GBDT 几乎相同，而 ANP 的预测效果好于其他三种模型。同时 GBDT 测试集与训练集的 MAE 的差值为 0.67℃，RMSE 的差值为 0.87℃，XGBoost 测试集与训练集的 MAE 的差值为 0.9℃，RMSE 的差值为 1.16℃，RF 测试集与训练集的 MAE 的差值为 0.78℃，RMSE 的差值为 0.99℃，ANP 测试集与训练集的 MAE 的差值 0.35℃，RMSE 的差值为 0.45℃，这说明 GBDT、XGBoost 和 RF 在一定程度上出现了过拟合现象，XGBoost 过拟合最严重。结果表明，经过特征选择后的 ANP 模型泛化能力更好，预测稳定性更高，具有良好的预测准确度。

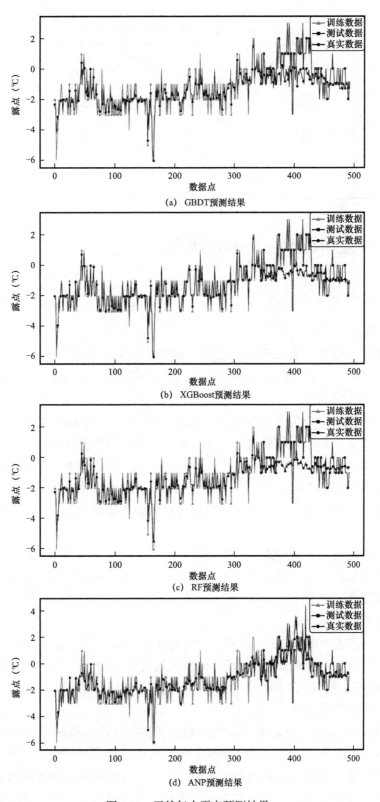

(a) GBDT预测结果

(b) XGBoost预测结果

(c) RF预测结果

(d) ANP预测结果

图 5.29 天然气水露点预测结果

表 5.5　天然气水露点预测性能评价

模型	训练集			
	MAE（℃）	RMSE（℃）	MAE（℃）	RMSE（℃）
GBDT	0.35	0.45	1.02	1.32
XGBoost	0.13	0.16	1.03	1.32
RF	0.27	0.34	1.05	1.33
ANP	0.50	0.75	0.85	1.20

5.5　基于函数型数据分析的预测方法

5.5.1　函数型数据定义与表示

（1）基本定义。

如果一个随机变量 X 在无限维的空间（函数空间）中取值，则称之为函数型变量。函数型变量 X 的一个观测 x 称为函数型数据，多个观测 x_1，x_2，x_3，$\cdots$，x_n 称为函数型数据集（functional dataset）。

如果从随机过程的角度来理解函数型数据，假设 $X(t): t \in T$ 是定义在有限区间内的随机函数，那么 $X(t)$ 是随机过程。这时 $x_i(t)$ 可以看作是随机过程中的随意一条样本轨迹，而函数型数据集中的 $x(t_i)$（$t=1$，2，3，$\cdots$，n）可以看作随机函数 $x_j(t)$ 的 n 次独立实现。T 可以理解为时间，但是也可以理解为其他的高维空间或者空间域。在实际中得到的数据往往都是离散的，可以通过函数型数据预处理技术将函数转化为函数表达。

函数型数据也有一元函数型和多元函数型的不同。一元函数型数据大部分表现为曲线；多元函数型数据根据维数的不同有不同的表现形式，比如二元函数型是曲面，三元函数型是三维图像。

（2）函数型数据的表示。

假设一个函数型数据集 i 是一组离散的测量值 y_{i1}，y_{i2}，$\cdots$，y_{in}，首先要做的是将这些值转换为一个函数 x_i 以及根据变量 t 所得到的数值集合 $x_i(t)$。如果得到的观测值不存在误差，那么这个过程就被称为插值，但是如果观测值含有观测误差，那么从离散数据到函数的转变过程称之为光滑。

使用基函数的线性组合是表示函数型数据的主要方法。基函数的使用是一种非常适合表示函数信息的方式，它为我们提供了所需的灵活性和计算能力，甚至可以容纳数十万个数据点。常见的两个基函数系统：傅里叶基和 B 样条基。前者倾向于用来描述周期性数据，而后者用于描述没有任何强循环变化的函数信息。然而，可以使用的基系统还有很多，每一种基函数在特定的环境中都有自己的优点。

基系统是一组数学上已知的相互独立的函数 ϕ_k，可以使用任意函数通过加权和 k 个数量足够大的线性组合来近似表示这些函数。最被大家所熟悉的基函数系统是用来构造幂级数的单项式集合：

$$1,\ t,\ t^2,\ \cdots,\ t^k,\ \cdots \tag{5.74}$$

另外一个被经常使用的基函数系统是傅里叶基函数系统，形式为：

$$1,\sin(\omega t),\cos(\omega t),\sin(2\omega t),\cos(2\omega t),\sin(3\omega t),\cos(3\omega t),\cdots, \\ \sin(k\omega t),\cos(k\omega t)\cdots \tag{5.75}$$

综上所述，基函数系统可以用以下方式线性表示：

$$x(t)=\sum_{i=1}^{k}c_k\phi_k(t) \tag{5.76}$$

其中 k 表示基函数 ϕ_k 的数目。

如果用 c 表示长度为 k 的向量系数 c_k，ϕ 表示由基函数 ϕ_k 组成的函数型向量，也可以将式（5.76）表示为：

$$x'\phi = \phi'c \tag{5.77}$$

5.5.2 基于函数型广义加性模型和 PCA 的预测方法

5.5.2.1 函数型广义加性模型

在介绍函数型广义加性模型（以下简称为 FGAM）之前，首先要介绍基本的广义加性模型（Generalized Additive Model，GAM）。广义加性模型是由 Hastie 和 Tibshirani 在 1986 年在广义线性模型的基础上拓展了输入变量和响应变量的非线性关系。将输入变量的参数形式用非参数形式来替代，而且不需要输入变量和响应变量之间有严格的关系，提高了使用的灵活性。这种方式允许相当灵活地指定响应对协变量的依赖关系，但仅以"平滑函数"的方式而不是参数之间的函数关系来建立模型。

假设存在观测向量 y，以及相应的 p 个预测向量 X，则加性模型就可以表示为：

$$g(u)=\alpha + X^*\beta + \sum_{j=1}^{p}f_j(x_j)+\varepsilon \tag{5.78}$$

其中：u 是响应变量 y 的期望；X^* 是含有所有参数模型组分的矩阵；β 是相应的系数向量；$f_j(\cdot)$ 表示协变量的平滑函数；α 是模型的截距；g 代表连接函数。

广义加性模型之所以称之为广义是指模型的响应变量可服从指数分布族的任何分布，指数分布族用概率密度表示为：

$$f_\theta(y) = \exp\left[\frac{y\theta - b(\theta)}{a(\phi)} + c(y,\phi)\right] \tag{5.79}$$

其中：a，b 和 c 为任意函数；ϕ 为尺度参数；θ 为正则参数。所见到的大部分数据分布都为指数型分布族，表 5.6 中是常见的因变量分布族和连接函数的对应关系。

表 5.6　连接函数

因变量分布	连接函数	表达式
正态分布（Normal）	单位连接（Identity）	$g(u) = \mu$
二项分布（Binomial）	Logit 连接（Logit）	$g(u) = \left(\dfrac{\mu}{1-\mu}\right)$
伽马分布（Gamma）	Log 连接（Log）	$g(u) = \log(\mu)$
泊松分布（Poisson）	Log 连接（Log）	$g(u) = \log(\mu)$

可以看出，原始的 GAM 模型的输入变量和响应变量都为离散标量，函数型 GAM 模型的输入变量和响应变量既可以为标量也可以为函数，不仅满足离散数据的使用需求，也可以被函数型数据使用，大大拓展了原始 GAM 的使用范畴。函数型 GAM 模型可以用以下的方式表示，对于一组观测数据 $\{(X_i(t), Y_i) : t \in T, i = 1, 2, \cdots, N\}$，$X_i$ 是作用域在 T 上的连续平方可积的随机曲线，Y_i 是标量。函数型广义加性模型可以写为：

$$g\{E(Y_i | X_j)\} = \theta_0 + \int_T F\{X_i(t), t\} \mathrm{d}t \tag{5.80}$$

其中：θ_0 是截距；g 是已知的连接函数；F 是未指定待估计的光滑函数。

可以看出当 $g(x) = x$ 并且 $F(x, t) = \beta(t) X_i(t)$ 时，就可以得到数据分析中最常用的函数型线性回归模型（General Linear Model，GLM）：

$$E(Y_i | X) = \theta_0 + \int_T \beta(t) X_i(t) \mathrm{d}t \tag{5.81}$$

令 $t_j = t$，$j \in 1, 2, \cdots, J$，表示输入变量曲线 $X_i(\cdot)$ 的观测时间序列点。那么函数型 GAM 就可以表示为：

$$g\{E(Y_i | X_i)\} = \theta_0 + J^{-1} \sum_{j=1}^{J} F\{X_i(t_j), t_j\} \tag{5.82}$$

式（5.82）中的 $F(\cdot)$ 是一个二元样条函数，运用样条基展开可以写为：

$$F(x,t) = \sum_{j=1}^{K_x} \sum_{k=1}^{K_t} \theta_{j,k} \phi_j^X(x) \phi_k^T(t) \tag{5.83}$$

其中 $\phi_j^X(x) : j = 1, 2, \cdots, K_x$ 和 $\phi_k^T(x) : k = 1, 2, \cdots, K_t$ 是样条基，在本章节中使用的是 B 样条基

函数。结合式（5.80）和式（5.83）可以获得 GAM 公式：

$$g\left\{E\left(Y_i|X_i\right)\right\} = \theta_0 + \int_T F\left\{X_i(t),t\right\}\mathrm{d}t = \theta_0 + \sum_{j=1}^{K_x}\sum_{k=1}^{K_t}\theta_{j,k}Z_{j,k}(i) \tag{5.84}$$

其中

$$Z_{j,k}(i) = \int_T \phi_j^X\left\{X_i(t)\right\}\phi_k^T(t)\mathrm{d}t$$

由于某个轴上的 B 样条支撑处可能没有观测数据，这将会导致在某些 (j,k) 坐标处 $Z_{j,k}(i)=0$，这样就导致张量积矩阵某一列包含了零元素。针对这种情况，可以对 $X(t)$ 在 t 处的值进行函数变换，经过变换后的模型就变为：

$$\begin{aligned}g\left\{E\left(Y_i|X_i\right)\right\} &= \theta_0 + \int_T F\left[G_t\left\{X_i(t)\right\},t\right]\mathrm{d}t \\ &= \theta_0 + \sum_{j=1}^{K_x}\sum_{k=1}^{K_t}\theta_{j,k}\int_T \phi_j^G\left[G_t\left\{X_i(t)\right\}\right]\phi_k^T(t)\mathrm{d}t\end{aligned} \tag{5.85}$$

其中 $\phi^G(\cdot)$ 是经过变换的新的 B 样条基函数，对于任意的作用域 t，经过变换后数据都将落在区间 $[0,1]$ 上，这样 B 样条不仅可以覆盖整个空间，也可以减少在使用时对预测器分布范围假定，同时也减轻了计算压力。

5.5.2.2 函数型 GAM 参数的估计和选择

基于样条的估计一般采用的是粗糙度惩罚法，在每一个坐标轴上施加粗糙度惩罚可以实现光滑效果，在 x 方向上的惩罚是 $\lambda_1\sum_{j=d+1}^{K_x}\left(\Delta_j^d\theta_{j,k}\right)^2$，在 t 方向上的惩罚是 $\lambda_2\sum_{j=d+1}^{K_t}\left(\Delta_j^d\theta_{j,k}\right)^2$，$\Delta_j^d\theta_{j,k}$ 和 $\Delta_k^d\theta_{j,k}$ 分别是两个方向的间隔。将 $\left[Z_{j,k}(i)\right]_{j=1,2,\cdots,K_x}^{k=1,2,\cdots,K_t}$ 通过堆叠列形成 K_xK_t 的向量并变为矩阵的形式 $\boldsymbol{Q} = \left[Z_1 Z_2 \cdots Z_N\right]^\mathrm{T}$。惩罚矩阵表示为：

$$\boldsymbol{P} = \lambda_1\boldsymbol{P}_1^\mathrm{T}\boldsymbol{P}_1 + \lambda_2\boldsymbol{P}_2^\mathrm{T}\boldsymbol{P}_2 \tag{5.86}$$

其中 $\boldsymbol{P}_1 = \boldsymbol{D}_x \otimes I_{K_x}$，$\boldsymbol{P}_2 = I_{K_x} \otimes \boldsymbol{D}_t$，$\boldsymbol{I}_p$ 是 $p \times p$ 的正定矩阵，$\otimes$ 是 Kronecker 积，$\boldsymbol{D}_x$ 和 $\boldsymbol{D}_t$ 分别是维数为 $(K_x-d_x) \times K_x$ 和 $(K_t-d_t) \times K_t$ 的差分惩罚矩阵。d 是预先指定的差分阶数。考虑到模型的截距，分别给 $\boldsymbol{Q}$、$\boldsymbol{P}_1$ 和 $\boldsymbol{P}_2$ 添加一列为 1 的列。

已知响应变量 Y 服从指数分布族，密度函数为：

$$f_Y(y;\varsigma,\gamma) = \prod_{i=1}^N\exp\left[\left\{y_i\varsigma - b(\varsigma_i)\right\}/a(\gamma) + c(y_i,\gamma)\right]$$

其中：ς 是服从于 $\varsigma_i = (b')^{-1}(\mu_i)$ 的正则参数；γ 是分散度参数。带惩罚的最大似然待估计是：

$$L(\theta; \lambda_1, \lambda_2) = \sum_{i=1}^{N} \ln\{f_Y(y_i; \varsigma_i, \phi)\} - \lambda_1 \|\boldsymbol{P}_1 \theta\|^2 - \lambda_2 \|\boldsymbol{P}_2 \theta\|^2 \tag{5.87}$$

系数可以使用 P 范数迭代加权最小二乘法（P-IRLS）估计。第 $m+1$ 次迭代：

$$\hat{\theta}_{m+1} = \left(\theta^{\mathrm{T}} \hat{\boldsymbol{W}}_m \hat{\mu}_m + \lambda_1 \boldsymbol{P}_1^{\mathrm{T}} \boldsymbol{P}_1 + \lambda_2 \boldsymbol{P}_2^{\mathrm{T}} \boldsymbol{P}_2\right)^{-1} \theta^{\mathrm{T}} \hat{\boldsymbol{W}}_m \hat{\boldsymbol{u}}_m \tag{5.88}$$

其中：$\hat{\mu}_m$ 是因变量当前的估计；$\hat{\boldsymbol{W}}_m$ 是对角矩阵的当前估计。

5.5.2.3 光滑参数

选择光滑参数的时候采用的方法是广义交叉验证法（Generalized Cross-Validation，GCV），对于 λ_1 和 λ_2 的 GCV 得分通过式（5.89）确定：

$$GCV(\lambda_1, \lambda_2) = \frac{nD(Y; \hat{\mu} : \lambda_1, \lambda_2)}{\{n - \mathrm{tr}(\boldsymbol{H})\}^2} \tag{5.89}$$

式中：$\boldsymbol{H}$ 是与拟合值相关的影响矩阵；$D(Y; \hat{\mu} : \lambda_1, \lambda_2)$ 表示模型偏差；n 为矩阵维度；tr 表示矩阵 $\boldsymbol{H}$ 的对角元素之和。

当输入参数有多个的时候需要将函数型广义加性模型扩展为多输入的情况，每个附加的函数型输入需要选择两个以上的平滑参数。模型可以表示为：

$$\begin{aligned} g\{E(\boldsymbol{Y}_i | \boldsymbol{X}_{i,1}, \boldsymbol{X}_{i,2}, \boldsymbol{W}_i)\} = \theta_0 &+ \int_{T_1} F_1(\boldsymbol{X}_{i,1}(t), t)\mathrm{d}t + \\ &\int_{T_2} F_2(\boldsymbol{X}_{i,2}(t), t)\mathrm{d}t + F_3(\boldsymbol{W}_i) \end{aligned} \tag{5.90}$$

式（5.90）包括了两个函数型协变量和一个标量协变量，增加输入变量的个数，模型表达式也增加相应的函数型或标量型项就可以，对于标量型协变量也是使用 B 样条对协变量矩阵进行惩罚，可以得到类似的惩罚表示 $P^W = \lambda_\omega D_\omega^{\mathrm{T}} D_\omega$。

5.5.2.4 FPCA-FGAM 模型预测流程

函数型主成分（Functional data Principal Component，FPC）分析是函数型数据分析的关键工具，在高密度数据降维以及估计含有测量误差的曲线以及将传统的纵向数据表示为稀疏的函数型数据等方面都有应用。FPC 分析（以下简称 FPCA）就是用曲线总体基函数和特定曲线得分矩阵的线性组合来表示个体曲线，因此，FPCA 可以实现对函数数据的非参数表示。但是这种分解是基于曲线总体的协方差结构估计，并很容易受到单体曲线可变性的影响。当只观察到少量的数据，或者这些数据经过不均等间隔采集时，原本数据中很明显的变化性很容易在估计过程中被忽略，从而影响最终估计的曲线结果。所以如果要对稀疏数据有更好的函数型表示，对于函数型数据的准确估计和推断是很重要的。

对于时间序列数据集 $\{t_j, Y_j, Z_j, 1 \leqslant j \leqslant m\}$，其中 Y 代表预测曲线，Z 代表 FGAM 所

预测所需协变量，假设时间区域内 $t_1 < t_2 < \cdots < t_m$ 的数据是已经观测到的值，其中 Y_j 是不规则稀疏标量，Z_j 是规则观测协变量但可以为缺失值。预测时间区间 t_{m+1}，t_{m+2}，$\cdots$，$t_{\max}$ 内的协变量 $\tilde{Z}_{m+1}$，$\tilde{Z}_{m+2}$，$\cdots$，$\tilde{Z}_{\max}$ 和 Y，Y_{m+2}，$\cdots$，$Y_{\max}$ 的值。

预测未来一段时间的观测数据是根据训练集所估计的主成分特征，结合当前曲线得分计算得到，预测算法见表 5.7：

表 5.7　FPC 曲线预测算法

输入：FPC 估计的均值函数 μ，特征函数 ϕ，特征值 λ，主成分数 npc，方差 σ，待预测向量 y 输出：预测曲线 $\hat{y}$
求待预测曲线 y 和均值函数的残差 μ 待预测曲线 y 的非空值点 obs 在非空值处的特征函数值 ϕ_{obs} 计算当前曲线在估计主成分的得分 $score_{obs}$ 根据主成分得分 $score_{obs}$、特征函数 ϕ 和均值函数 μ 计算曲线预测值

5.5.3　基于 FPCA–FGAM 的露点预测模型

5.5.3.1　函数型 GAM 的天然气露点回归模型

露点是衡量天然气脱水质量的重要参数，但是在检测露点的仪器容易腐蚀，导致检测精度降低，成本过高，所以本小节建立露点和脱水装置其他监测参数的回归模型。考虑到露点的变化相对于其他脱水工作过程中可能具有滞后性，函数型数据分析方法研究的对象是曲线，曲线可以表示一段时间的信息，更加适合解决这种问题，并且广义加性模型不仅可以建立输入变量和响应变量之间的非线性关系，而且输入变量对响应变量的影响模式更容易可视化。

将响应变量前 24h 之内的曲线构造成函数型数据输入，基函数个数选择为 20，防止预测模型出现过拟合，基函数类型选择薄板样条基函数，输入变量为 33 个监测参数构成的函数型数据，输出变量为露点巡检值。为了优化 FGAM 模型，提高对露点的预测准确度，使用赤池信息量（Akaike Information Criterion，AIC）准则和 RMSE 对模型进行选择。赤池信息量准则是在信息熵的基础上发展出来的，用来综合评估模型的复杂性和对数据的拟合准确度，赤池信息量准则的公式可以表示为：

$$AIC = 2k - 2\ln L \tag{5.91}$$

其中：AIC 为赤池信息量；k 是模型参数的数量；L 是似然函数。模型的选择时优先选择 AIC 值更小的模型，AIC 值越小，说明该模型可以用更少的自由参数更好的解释数据。

对 33 个输入变量和露点建立模型，所得到模型的 AIC 值为 1060.338。均方误差为 0.8615686，模型的信息见表 5.8。

表 5.8　GAM 模型信息

输入变量	变量名称	EDF	P-value	显著程度
K100_TI_305	出吸收塔富甘醇温（℃）	0.833207	0.167354981	
K100_TI_306	进闪蒸罐富甘醇温（℃）	0.00016	0.979186866	
K100_PI_303	闪蒸罐压力（MPa）	8.52×10^{-5}	0.875288634	
K100_PIC_303	闪蒸罐压力控制阀开度（%）	0.651967	0.04952614	*
K100_LI_305	闪蒸罐液位（%）	0.000312	0.52689478	
K100_LIC_305	闪蒸罐液位控制阀开度（%）	3.741649	4.86×10^{-5}	***
K100_TI_308	出板式换热器富甘醇温度（℃）	0.503056	0.192486417	
K100_TI_309	重沸器中部温度（℃）	0.003385	0.277111828	
K100_TI_310	重沸器后端温度（℃）	0.000206	0.829295072	
K100_TI_302	重沸器前端温度（℃）	0.000296	0.397234051	
K100_TIC_302	重沸器温度控制阀开度（%）	2.385111	1.51×10^{-7}	***
K100_PI_304	燃料气压力（kPa）	0.000239	0.401744396	
K100_TI_307	精馏柱顶部温度（℃）	1.315979	0.026073949	*
K100_LI_306	缓冲罐液位（%）	1.909318	6.19×10^{-11}	***
K100_TI_312	出缓冲罐贫甘醇温度（℃）	0.000228	0.710727068	
K100_TI_304	三甘醇入泵前温度（℃）	2.266085	0.001337085	**
K100_FIC_302	三甘醇循环泵变频器给定（%）	0.000278	0.489110693	
K100_TI_311	灼烧炉炉膛温度（℃）	0.001933	0.306030641	
K100_TI_303	灼烧炉顶部温度（℃）	2.534312	2.51×10^{-5}	***
K100_TIC_303	灼烧炉温度控制阀开度（%）	1.911387	0.02033308	*
K100_PI_302	进装置压力（MPa）	0.000202	0.71925917	
K100_LI_301	原料气分离器液位（%）	0.719984	0.037431332	*
K100_PDI_301	过滤分离器差压（kPa）	0.000271	0.551343791	
K100_PDI_302	吸收塔差压（kPa）	1.361495	0.109723027	
K100_FI_302	三甘醇循环量（L/h）	0.000293	0.506071745	
K100_LI_302	吸收塔液位（磁浮液位计）（%）	1.851969	0.006634327	***
K100_LI_303	吸收塔液位（雷达液位计）（%）	0.063302	0.267551893	

输入变量	变量名称	EDF	P-value	显著程度
K100_LIC_303	吸收塔液位控制阀开度（%）	0.000221	0.611669427	
K100_PI_301	计量静压（MPa）	0.000159	1	
K100_FI_301	计量差压（kPa）	0.000379	0.383106502	
K100_TI_301	计量温度（℃）	2.388727	0.001613951	*
K100_FIQ_301	瞬时处理量（$10^4 \text{m}^3\text{/d}$）	2.652387	3.98×10^{-5}	***
K100_PIC_301	压力控制阀开度（%）	0.000187	0.673770345	

其中 P-value 反映参数是否显著影响响应变量，P-value 越小说明影响越显著。EDF 值表示输入变量的变化程度，变化越大说明对响应变量的影响越大。综合这两个值，可以选出对露点变化影响较大的参数。剔除不重要参数之后，重新建立 FGAM 模型，露点预测效果如图 5.30 所示。

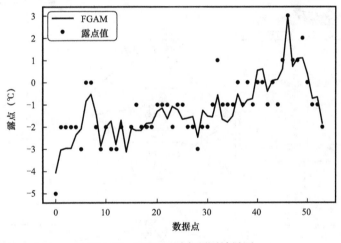

图 5.30　FGAM 露点预测效果图

新模型的 AIC 值为 1060.001。$RMSE$ 误差为 0.847。从图 5.30 可以看出，FGAM 模型能够对输入变量和响应变量的非线性关系建模，实现对露点有效的预测。同时 AIC 值降低，说明剩余重要变量已经可以解释露点的变化。均方误差降低，说明去除干扰变量的影响，模型更容易找出输入变量和响应变量之间的关系，预测的准确度有所提高。

5.5.3.2　基于 FPCA-FGAM 天然气露点趋势预测

与脱水装置其他实时监测参数不同，露点的数据是由人工进行巡检，由于检测时间不确定，导致采集到的数据点间隔不规则。时间序列预测常用的 AR、MA 和 ARMA 等方法要求采集的数据是间隔规则的数据，否则无法解释预测值的实际意义。考虑到脱水装置设备监测参数是规则监测数据，可以利用这些数据对露点进行预测，但是 AR 等时间序列预测的方法是有参数模型，需要设定准确的 P-value 才能对未来数据进行有效预测。另外，AR 等模型只能实现短期预测，且模型要随着时间变动，无法提供实时预测。针对以上一些原因，本书采用函数型数据分析，实现对脱水装置数据动态预测。

通过 FPC 预测算法可以预测一段时间之内的监控参数变化，之后使用 FGAM 算法预测脱水装置中露点的变化。FPCA-FGAM 动态预测流程图如图 5.31 所示。

使用上述 FPC 预测算法对脱水装置监测参数动态预测，选择前 40 个函数型数据作为训练集，训练得到 FPC 预测模型，对于之后新监测得到的部分数据预测。为了验证预测的有效性，对不同时刻收集到的数据实时预测，图 5.32 分别展示了前 30% 以及前 60% 和前 80% 的预测数据。

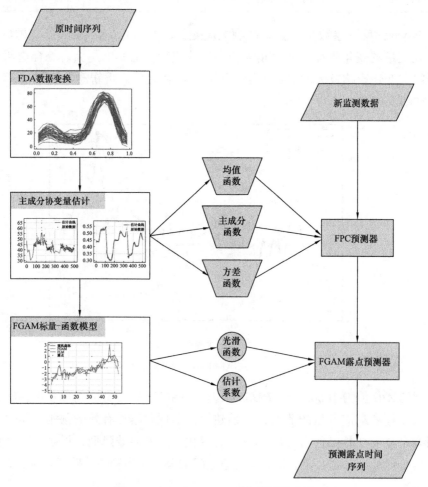

图 5.31　FPCA-FGAM 动态预测流程图

图 5.32 中，左边一列是根据前 30% 监测数据动态预测，中间一列是根据前 60% 监测数据动态预测结果，右边一列是根据前 80% 数据动态预测。从图 5.32 中可以看出，在获取少量数据时预测值偏差较大，但是对于未来变化趋势可以很好地预测。随着时间推移，

监测数据逐渐增多，预测值也逐渐符合预期值。

经过 FPC 预测算法获得脱水装置的监测数据之后，使用已经训练得到的 FGAM 模型对露点值进行预测。露点的值是由人工巡检获得的，而且是不规则间距检测得到的，在一个函数型数据范围之内只有稀疏的露点观测值。图 5.33 是对露点的动态预测结果。

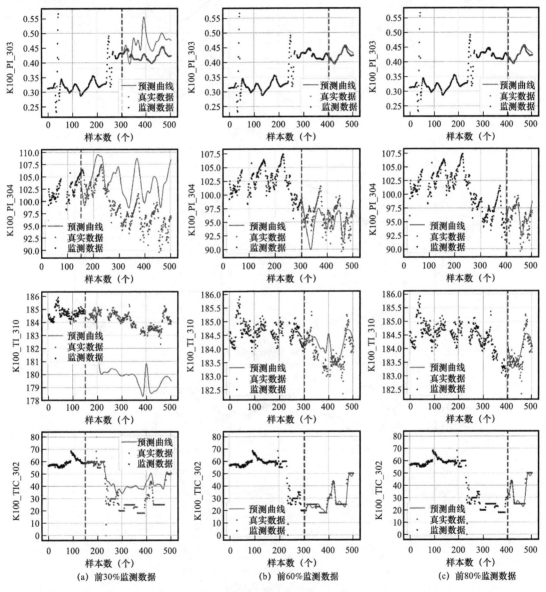

图 5.32　监测参数动态预测效果对比

从图 5.33 中可以看出，对于稀疏采集的露点数据，FPCA–FGAM 模型能够预测出一个函数型观测时间域中露点的变化趋势，也能够基本预测露点的值，而且随着获取到更多的监测数据，露点的动态预测结果更加准确。

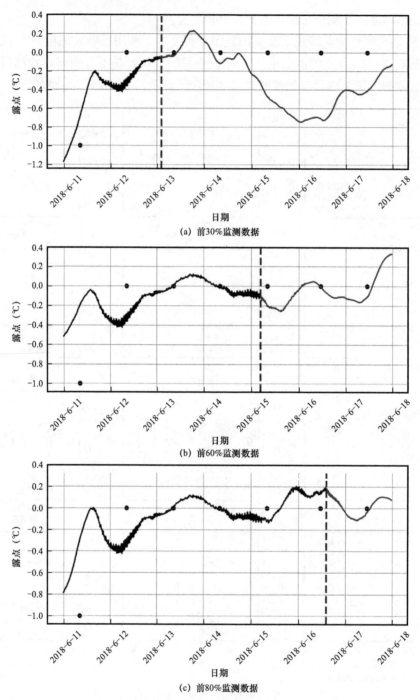

(a) 前30%监测数据

(b) 前60%监测数据

(c) 前80%监测数据

图 5.33　露点动态预测效果

第6章 三甘醇脱水装置智能诊断与趋势预测系统

三甘醇脱水装置故障诊断与趋势预测技术研究的最终目的是为了应用到天然气增压站场，以提高脱水装置的可靠性。现有站场设备管理系统多是"重采集，轻分析"，仅对设备工艺参数进行存储和简单展示，缺少对装置隐含状态信息的深入挖掘。本书针对三甘醇脱水装置工艺监测参数量大、高速、多源的特点，基于大量历史数据建立故障模型和趋势模型，开发三甘醇脱水装置智能诊断与趋势预测系统，能够实时分析工艺参数并进行故障诊断与趋势分析。本章从系统概述、基于微服务架构的诊断软件、工业数据采集与管理、在线监测软件、软件主要服务和应用及案例分析等方面具体介绍三甘醇脱水装置智能诊断与趋势预测系统。

6.1 概述

6.1.1 典型诊断系统

目前，国内外对于三甘醇脱水装置的智能诊断系统的探索较少，一般的典型诊断系统由硬件系统和软件系统两部分组成，如图 6.1 所示。硬件系统包括各类传感器、数据采集器、数据服务器和信号线缆等；软件系统包括数据采集软件、故障诊断软件、分析软件和数据管理软件等。

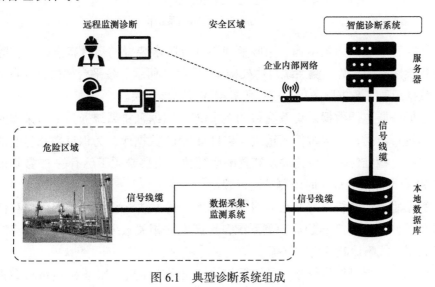

图 6.1 典型诊断系统组成

一套典型的诊断系统可以通过各种类型传感器、采集器对设备的各项状态参数进行采集，数据通过信号线缆传回采集系统，系统再将数据持久性存储到本地的数据库中，方便使用和分析。部署在服务器上的诊断系统会自动地按需求调取本地的数据，实时数据通过系统的前端展示给诊断人员以了解设备的运行状态，历史数据通过系统内置的算法进行智能诊断并将结果传送到前端并存储到数据库内部。分析人员通过查看实时数据和分析诊断结果完成对设备的故障分析诊断。

6.1.2　系统总体架构

三甘醇脱水装置检维修智能诊断与趋势预测系统采用 B/S 三层应用体系结构，如图 6.2 所示，相比于 C/S 体系结构，B/S 三层应用体系结构具有资源成本低、对环境的依赖性小、开发维护成本低和用户只需 Web 浏览器访问的特点，使之具有更广泛的应用能力。B/S 三层应用体系结构分别为界面展示层、应用服务层和数据服务层。其中，界面展示层是前端结果展示，用户通过 Web 浏览器访问，并通过 HTTP 协议与后台服务实现交互，在检维修平台中搭建前端显示，实现了客户端的零安装；应用服务层主要完成检维修平台的应用逻辑功能和必要的数据分析功能；数据服务层是检维修平台的数据库，存储检维修平台相应的数据。

图 6.2　B/S 三层应用体系结构

基于 B/S 三层应用体系结构、微服务和三甘醇脱水装置的运行特点，三甘醇脱水装置检维修智能诊断与趋势预测系统总体架构图如图 6.3 所示。按平台架构布局自下而上分为 4 层：数据源层、数据服务层、应用服务层和界面展示层。

（1）数据源层包括数据采集系统和 PI 数据库，数据采集系统通过实时采集脱水装置监测参数的运行数据，并实时传入重庆气矿自有的 PI 数据库，为保证数据传输的安全性和系统简洁性，检维修平台所需脱水装置的运行数据直接来源于已有的 PI 数据库，通过不断读取 PI 数据库而获取实时监测的运行数据。

（2）数据服务层是检维修平台自身的数据库，通过建立相应的数据库以存储三甘醇脱水装置检维修智能诊断与趋势预测系统自身产生的相关数据，如监测参数实时运行数据、报警数据、故障诊断分析数据等。

（3）应用服务层是检维修平台的主要模块，包括应用后台服务和 Python 数据分析服务，应用后台服务是检维修平台的枢纽，它实现了与数据访问层、数据库和 Python 数据分析服务的交互，应用后台服务部分基于 Spring boot 框架开发，Python 数据分析服务是数据分析的模块，实现脱水装置的异常识别和参数预测功能，由 Python 开发，并建立数据分析接口与应用后台服务实时交互。

（4）界面展示层是检维修平台的终端呈现，通过 Layui 框架开发，用户通过 Web 浏览器以网页的方式访问检维修平台。当用户请求数据时，应用后台服务通过相应的接口传输数据，并且以网页的方式呈现简化了客户端电脑载荷，减轻了检维修平台维护与升级的成本和工作量。

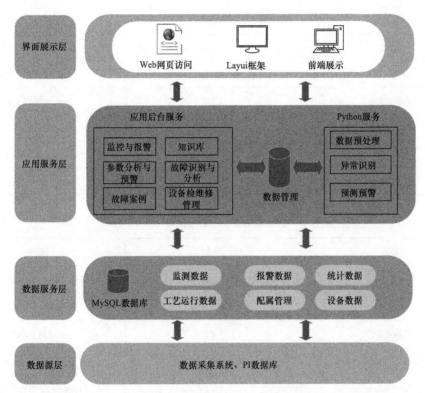

图 6.3 三甘醇脱水装置检维修智能诊断与趋势预测系统总体架构图

平台开发采用前后端分离进行开发，前后端分离已成为互联网项目开发的业界标准使用方式，通过 nginx 和 tomcat 相结合的方式进行解耦，并且前后端分离会为以后的微服务架构打下坚实的基础。核心思想是前端 HTML 页面通过 AJAX 调用后端的 RESTFUL API 接口并使用 JSON 数据进行交互。前后端分离的优势在于对前后端的职能划分清晰，降低不同开发人员的沟通成本，提高了开发效率，同时对系统的性能也有提升。

同时，为使检维修平台具有较强扩展能力，平台的后端采用目前拓展能力较强的微服务架构，使用 Spring Boot+Spring Cloud+Docker 开发路线，以便可以灵活快速地对检维修平台更新和升级。该模式提供统一的支撑运行环境、系统化的开发工具，能够快速完成业务系统搭建工作，同时能做到动态部署、及时生效，实现快速的应用间信息聚合，简化系统维护支持工作，降低系统耦合度，提高了检维修平台的扩展性。前后端所采用的具体技术栈见表 6.1 和表 6.2。

表 6.1 前端技术栈

技术	版本	说明
Vue	2.5.10	前端框架
Vue-router	3.0.1	路由框架
Vuex	3.0.1	全局状态管理框架
LayUI	2.12.0	前端 UI 框架
Axios	0.19.0	前端 HTTP 框架
e-charts	4.1.0	Echarts 的图表框架
Js-cookie	2.2.0	cookie 管理工具
nprogress	0.2.0	进度条控件
Three.js	0.108.0	三维模型库
eslint	4.13.1	Javascript 语法检查

表 6.2 后端技术栈

技术	版本	说明
Spring Boot	2.3.0	容器 +MVC 框架
Spring Security	5.1.4	认证和授权框架
MyBatis	3.4.6	ORM 框架
MyBatisGenerator	1.3.3	数据层代码生成
PageHelper	5.1.8	MyBatis 物理分页插件
Swagger-UI	2.9.2	文档生产工具
RabbitMq	3.7.14	消息队列
Redis	5.0	分布式缓存
Mysql	8.0.0	关系型数据库
Docker	18.09.0	应用容器引擎
Druid	1.1.10	数据库连接池
JWT	0.9.0	JWT 登录支持
Lombok	1.18.6	简化对象封装工具

续表

技术	版本	说明
Portainer	2.0.0	容器 UI 界面
Spring Cloud	Hoxton.SR5	微服务架构
Nacos	1.3.1	注册服务中心
Springcloud alibaba	2.2.0.RELEASE	阿里巴巴微服务解决方案
Hbase	2.8.0	非结构化数据存储

6.2 基于微服务架构的诊断软件

随着信息技术的发展，故障预测与诊断的技术取得了巨大的进展，而相关的监测系统也有了很大的改变。在线实时监测系统已经取代了定期巡检，并且在线实时监测系统也由早期的单机版实时监测发展到分布式实时监测。在脱水装置设备监测方面，员工定时记录仪器仪表数据的方式已经被监测管理系统自动记录、分析所取代。目前监测系统的研究热点主要集中在分布式技术在监测和预测方面的应用，且已经由中间件技术、面向服务的架构（Service-Oriented Architecture，SOA）过渡到微服务组件技术上。这些先进的软件技术都应用在后台服务器上，强调后期资源和业务的整合，为用户提供低成本的信息技术基础设施的配置，主要目的在于服务通信和服务总线架构等方面。而作为和用户唯一接触的前端——监测诊断系统故障分析诊断软件，在对目标的分析、结果信息的清晰展示、快速响应等和用户体验直接关联的需求研究却很少。目前国内外通用的监测诊断系统故障分析诊断软件开发设计思想如图 6.4 所示。

从图 6.4 中够可以看出，主框架、视图显示模块与数据模块之间是紧耦合的，如果需要增加一个功能，则需要将相应的功能分别加入三个模块中，且需要调整相应的调用方式。

三甘醇脱水装置的诊断与预测，其检测点和设备都较多，对于不同的设备，诊断的参数各不相同，预测与诊断的方法也不同；同时，系统又需要满足企业不同岗位不同层次人员的需求，意味着系统需要具备设备运行状态查看、分析诊断、设备运行统计、故障报告和诊断结果输出接口等功能，造成软件复杂、体积庞大，如果要增加或者修改一个功能，其软件修改的工作量和测试考核的工作量都很大，这也是目前很多状态检测诊断方面的商业软件对用户需求响应非常慢的主要原因。

目前大多数的诊断系统的开发、维护、功能拓展、升级有如下弊端：

（1）若想增、删、改某个功能，则整个软件需要重新编译、打包和部署，对于后期维护十分困难，烦琐；

（2）不同人员擅长的语言环境不同，多人开发困难；

（3）开发效率低下；

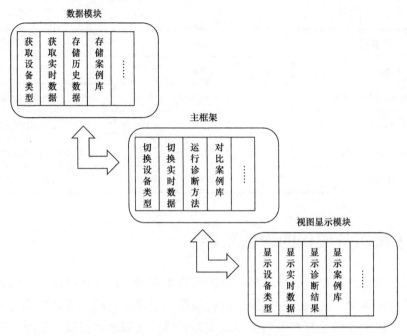

图 6.4 通用故障分析诊断软件开发设计思想

（4）根据不同的用户需求，功能定制烦琐，响应缓慢；

（5）故障诊断的新技术应用到实际现场过程缓慢；

（6）开发、维护源代码的保密性难以保证。

6.2.1 微服务架构系统的设计思想及优势

基于微服务架构的故障分析诊断软件的设计，可以理解为把故障分析诊断软件的各个功能进行了拆分，每个不同的功能拆分成了不同的服务，根据不同服务运行的环境、计算机算力等部署在不同的地方。随着互联网、云计算的进步，微服务越来越受到从业者的关注。尤其是以单体架构建设的应用和 SOA 架构的应用皆无法解决数据、服务呈爆炸式增长带来的冲击，而微服务将业务系统彻底组件化、服务化的思想让系统建设者有了更多选择。SOA 与微服务架构的对比见表 6.3。

表 6.3 SOA 与微服务架构对比

SOA	微服务架构
服务由多个子系统组成，粒度粗	一个系统拆分成多个微服务，粒度细
企业级，自顶向下开展实施	团队级，自底向上开展实施
企业服务总线，集中式服务架构	无集中式总线，松散的服务架构
通过 ESB/WS/SOAP 等方式集成，复杂烦琐	通过 HTTP/REST/JSON 集成，简单且响应迅速
服务相互依赖，无法独立部署	微服务独立部署，互不干扰

微服务的核心思想是：应用是由相互独立的服务组成，这些服务可分布式部署，运行在独立的进程中，通过轻量级的通信机制交互信息，服务独立扩展，自由伸缩，但有明确的边界，不受开发语言、技术路线、开发团队的制约。Spring Cloud 是实践微服务的框架，有活跃的开源社区支持；Docker 使分布式应用脱离底层物理硬件和基础环境的限制，实现应用快速开发和部署的工具。因此，使用 Spring Cloud 框架和 Docker 构建的微服务系统是实现开发、部署、运维一体化的最佳解决方案。一个微服务就可以看作一个独立的实体，可以单独地发布到 PAAS（Platform As A Service）上，也能够选择发布为服务器系统操作系统的一个进程。

与传统单体应用架构比，微服务架构有很多优点，具体表现如下：

（1）技术选型灵活性。

在一个由很多服务组成的微服务架构中，可以根据不同业务领域的特性选择更为合适业务本身的技术或者开发语言，而不必考虑服务体系中技术或者语言的一致性。强制对某一个系统所有业务领域使用标准化的技术或者语言，很可能导致这样的标准化技术没办法很好地支撑一些特殊的业务场景。

如若一部分的服务已经没有办法支撑当前的业务场景了，也可以选择性能更优的技术或者语言来重新开发这个服务。

（2）容错性。

当架构中的某一组件发生故障时，在单一进程的传统架构下，故障很可能在进程内扩散，导致整个应用不可用。在微服务架构下，故障会被隔离在单个服务中。若设计良好，其他服务可以通过重试、平稳退化等机制实现应用层面的容错。

（3）功能的可扩展性。

在单体应用系统中，即使仅有一个功能需要提升性能，也要对整个系统中的服务进行整体扩展。如若使用众多细粒度的微服务架构系统，那么就可以选择需要进行性能扩展的服务进行扩展，而不必改动无须扩展的服务。如果有新的故障诊断方法，在编写好相关服务后，可以在不影响其他服务的情况下，注册到诊断系统之中，并使用。

（4）简化、独立部署。

在微服务系统中，每个服务都是单独打包和发布的，这样就能够更有针对性地选择需要发布的代码服务进行发布，而不需要改动其他服务代码。得益于服务之间的耦合度低，即使发布的服务真的有问题，那么也仅仅只影响所发布的这个服务。

6.2.2 微服务架构的软件设计

按照前文的微服务架构的设计思想，图 6.5 展示了基于微服务架构的故障分析诊断软件系统的整体框架图。根据功能和安装位置的不同，可以将在线诊断系统的软件分为两大部分：运行在本地的数据采集软件和在线检测软件；运行在远程服务器内的数据管理和故障分析软件。用户通过互联网 HTTP 访问部署在本地服务器的在线监测软件，服务器通过 RESTFUL API 与远程服务器进行数据交互获得故障诊断结果，进而显示在本地前端，供用户通过浏览器查看分析结果。

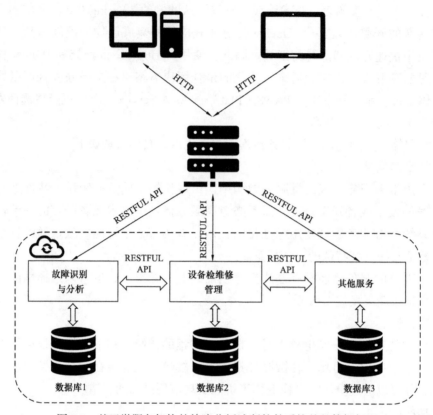

图 6.5　基于微服务架构的故障分析诊断软件系统的整体框架图

微服务的开发可以选用的框架技术有 Spring 团队的 Spring Boot、Jboss 公司的 WildFly Swarm 和 JavaEE 官方的微服务框架 kumuluzEE、阿里巴巴的 Dubbo 等，微服务架构中技术选型有很多，本系统采用的是 Spring Boot+Spring Cloud+Docker 的技术路线组成微服务架构。下面对各个技术组成进行简单的说明。

（1）基础应用开发。

Spring Boot 是由 Spring 团队（Pivotal）提供的简化应用初始搭建的开发框架。该框架使用特定的方式进行配置，提供了默认的代码和注释配置，简化了开发时的样板化配置，从而能够更加快速地开发基于 Spring 的应用。

该框架具有以下特点：

①简单的库依赖管理，基于 Maven 配置文件，即可实现相关依赖库的配置；

②自动配置，框架自动负责了大部分常规的配置，开发者无须手工配置；

③内嵌支持 Web 服务，易于发布为单独 Web 服务。

另外，对于智能故障分析诊断来说，机器学习算法是必不可少的，目前 Python 作为机器学习的主流语言，拥有比其他语言更多的第三方库，加快机器学习相关应用的开发，本系统所使用的第三方库见表 6.4。得益于 Docker 容器技术的发展，并不用担心两种语言环境带来的不兼容问题，容器技术在后文进行介绍。

表 6.4　Python 第三方库

第三方库名称	主要功能	使用版本
Pandas	方便快捷的处理结构化数据	0.24.2
Numpy	提供较快的矩阵运算	1.16.2
ScikitLearn	包含机器学习常用模型和预处理函数	0.20.3
TensorFlow	提供深度学习框架	1.13.1
Scipy	包含科学计算和统计分析算法	1.2.1
Statsmodels	时间序列分析工具 Scipy	0.9.0
Waitress	提供 Web 服务与 Web 应用间的通信规范	1.4.4
Flask	Web 服务应用框架	1.0.2

（2）基于 Spring Cloud 的微服务架构。

Spring Cloud 是基于 Spring Boot 推出一系列框架、组件的有序集合，简化了分布式系统基础设施的开发，封装的框架均是稳定且经过测试的。Spring Cloud 的主要组件及功能有：

① Eureka 在 Spring Cloud 框架中实现微服务的自动注册与发现。定义服务注册中心是在启动类配置。

② Zuul 的作用是动态路由和请求过滤，便于监控和认证。在服务启动类上配置。

③ Ribbon 是基于 HTTP 和 TCP 的客户端负载均衡器，从 Eureka 注册中心获取服务列表，采用轮询访问的方式实现负载均衡的作用。在客户端的服务方法上配置。

④ Hystrix 是能够提升系统的容错能力的熔断器。

⑤ Turbine 能够监控微服务集群而引入的工具，Turbine 结合 HyStrix 可监控系统中所有服务的实时数据。

⑥ Feign 整合 Ribbon 向客户端提供声明式的 HTTP API。在基于 Feign 的服务启动类上配置。

⑦ Spring Cloud Config 为 Spring Cloud 框架系统提供统一的配置管理，并提供服务器端（Config Server）和客户端。

⑧ Spring Cloud Bus 的作用是将各服务节点用轻量的消息代理（如 RabbitMQ）连接起来，并使用广播配置文件的动态信息和服务之间的通信。

⑨ Spring Cloud Sleuth 集成 ZipKin，实现微服务的链路监控分析。

（3）Docker 容器技术。

得益于 Docker 技术，系统的服务能够以细粒度部署在任何平台的服务器上。Docker

是一种虚拟化容器技术，相对于虚拟机更加轻量，作为容器云平台的核心技术，与虚拟机对比具备很多的优点，虚拟机和 Docker 对比如图 6.6 所示。Docker 容器在操作系统层面实现虚拟化，直接复用本地操作系统，因此更加轻量级。相比传统虚拟技术，Docker 让应用一次性创建、任意环境、任意时间运行成为可能。Docker 可以使用具有版本信息的镜像快速构建开发部署环境，让应用的部署和迁移更加便利，而 Dockerfile 只需要小小的配置修改就能实现，这不仅减少了运维工作量，也可以通过脚本来实现应用部署自动化。

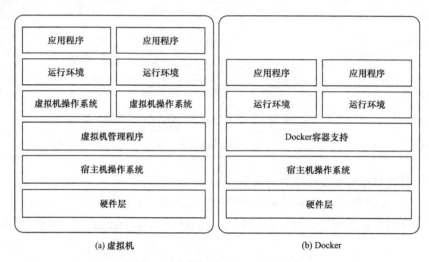

图 6.6　虚拟机和 Docker 对比图

Docker 容器在宿主机上实际是以进程的形式存在的，分别采用 Linux 的 Namespace 和 Control groups 来进行资源隔离和资源限制，可以为容器内的应用提供一个独立的软件运行环境。相对于虚拟机，Docker 容器只需为应用提供依赖的运行环境，与主机共享使用同一个操作系统，大量地节省了磁盘空间和资源。Docker 容器之间也是相互隔离、互不可见的，不会产生不同服务间不同环境的相互干扰。Docker 遵从 Apache2.0 协议开源的容器引擎，利用轻量级虚拟化技术实现资源隔离，并将各种环境依赖和应用统一打包，以达到方便应用移植和部署的目的。

将微服务打包成 Docker 镜像，push 到私有镜像库中，每次部署服务时从私有镜像库 pull 下对应的镜像，按照 Docker Compose 编排好的微服务调度方式运行镜像。多个服务部署在各自的 Docker 容器中，将复杂的应用系统拆分成多个功能单一、业务逻辑简单的服务进行独立部署。每个微服务注册在 Spring Cloud 的 Eureka Server 中，通过 REST API 与本地服务器进行交互，每个微服务之间也可以通过 REST API 进行相互调用。

另外 Docker 并不受语言环境的影响，python 编写的深度学习算法也可以通过 Docker 映像的方法将 python 应用的运行环境部署到系统中，并不影响其他服务，定义好接口和规则，就能够通过 REST API 与其他服务进行交互。

Spring Cloud 和 Docker 构建的微服务应用平台，充分展现了微服务架构的优势，对服务做到了组件化、服务化的管理，提升了服务的持续集成能力和扩展能力。随着技术的进步，微服务架构的系统会更多地被采用，而基于 Spring Cloud 和 Docker 构建微服务系统必会成为让微服务落地的最佳解决方案。

6.3 工业数据的采集与管理

6.3.1 数据管理流程

数据管理是利用计算机硬件和软件技术对数据进行有效的收集、存储、处理和应用的过程，目的在于充分有效地发挥数据的作用。实现数据有效管理的关键是数据组织。三甘醇脱水装置运行中产生的工业数据体积十分庞大，其围绕着设备的各个关键监测点进行实时监测，期望通过监测的数据对设备有较为全面的状态掌握与评估。目前大部分的气矿已经部署了 SCADA，并且通过 PI（Plant Information System）实时数据库对产生的数据进行管理。同时为了更好地进行二次开发，在远程部署了 MySQL 关系型数据库对需要进行数据分析的数据进行存储和管理，智能诊断趋势预测系统数据管理流程如图 6.7 所示。整个数据管理流程是通过 SCADA 系统与 PI 管理系统对工业数据进行采集和监控，然后通过预留的接口在本地数据库中调用需要的数据到远程服务器进行分析。下面将分别介绍各个组成部分。

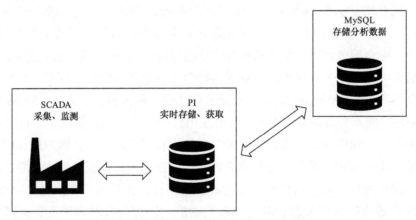

图 6.7　智能诊断趋势预测系统数据管理流程

（1）数据采集与监控系统是工业中常用的设备状态监控系统，是以计算机为基础的分布式计算机控制系统与电力自动化监控系统，在电力、冶金、化工、燃气等领域的数据采集与监视控制均有广泛的应用。三甘醇脱水装置的数据采集系统即为 SCADA 系统，能够定期采集并记录各个设备监测点的状态数据。

但是现有的 SCADA 系统大多缺乏有效的系统状态评估和故障诊断与预测手段，导致 SCADA 仅仅只能作为监测工具使用，而不能对脱水装置的整体状态进行智能判断。只有当监测点的采样数据已经超过合适的工艺运行参数阈值范围时，才能给出相应的故障信息，而此时的故障已经发生，甚至已经造成了工况事故，如甘醇泵失效、水露点不合格等，无法起到提前预警的作用。为了实时掌握三甘醇脱水装置的运行状态与脱水效果，优化检维修策略，建立基于 SCADA 监测数据的智能诊断与趋势预测系统是同时具有应用前景和学术价值的。

传统的 SCADA 监测系统每隔 5min 将监测数据记录到历史库，在发生异常之后专业人员需要根据相关的监测数据进行分析，查找故障发生的原因。但是此时的 SCADA 却无法做到把故障事件的历史记录与监测点的记录临时组合在一起进行分析，而 5min 一次的监测时间间隔也过于长，不利于后期的分析。这时引入 PI 实时数据库，能够直接回溯历史数据且每 5s 一次的监测事件间隔也可以获得故障发生时的更详细的变化过程。

（2）PI 系统是一款连接工厂底层控制网络与上层管理信息系统网络的商品化实时数据库软件，主要用于存贮和获取时间序列的实时数据，其存储的数据具有可回溯性，也能更方便地进行后续的分析和计算。同时，PI 数据库的特点是可以根据需求搭建专业的数据库构架，并可以实现远程的设备通信与控制，是一个自动化和自动控制的底层数据平台。

三甘醇脱水装置的监测数据来源于重庆气矿自有的 PI 数据库。PI 的数据采集系统通过实时采集装置的数据，实时地传入数据库中进行持久性存储。数据库中不仅有现装置的实时数据，同时也有往年的装置运行数据，有利于后续对整个装置的智能诊断和趋势预测。为满足维护人员数据填报、随时访问系统的需要，满足系统 $7 \times 24h$ 远程数据传输、后台数据处理的需求，数据库采用双机热备及共享存储主从方式的配置设计。在工作过程中，两台服务器以一个虚拟的 IP 地址对外提供服务，工作方式的不同，将服务请求发送给其中一台服务器承担。在双机热备中，对于某一时间，只有一台服务器运行，称为工作服务器（Active Sever），另一台服务器休眠，称为备份服务器（Stand by Sever），使两台服务器之间互为备份，数据库备份时采用数据库的自动备份机制，利用 MySQL 数据库的二进制日志和中继日志实现从而实时自动同步更新的操作，客户端（Client）通过 TCP/IP 网络对服务器进行访问。备份服务器通过心跳诊断的方式监测工作服务器的状态，当工作服务器出现异常时，备份服务器主动接管工作，使系统正常运行。双机热备避免了因工作服务器故障而带来的长时间的系统维护，使智能监测系统更安全可靠地运行。双机热备拓扑图如图 6.8 所示。

（3）PI 数据库中的数据包含多年的装置运行数据，体量庞大，并不能直接一次性完全读取，为了减轻数据传输的负担，脱水装置检维修平台的数据采用 MySQL 数据库进行管理，按需求读取 PI 数据库中的数据，并且规范地存储到远程服务器的 MySQL 库中，进行统一的数据管理。MySQL 数据库是一种关系型数据库管理系统，由瑞典的 MySQL AB 公司开发。MySQL 数据库的优势是体积小、速度快、总体拥有成本低，配合微服务架构可以组成良好的开发环境。

6.3.2　远程服务器的数据管理

　　智能诊断与趋势预测系统的数据管理通过 MySQL 关系型数据库管理系统实现。MySQL 适用于多平台和多语言开发，同时 MySQL 通过规范化数据表建表格式和通过函数依赖关系对数据进行规范化，最大限度地提高数据访问和存储的性能，有助于提升软件生产能力，方便系统管理维护和减少开发成本。

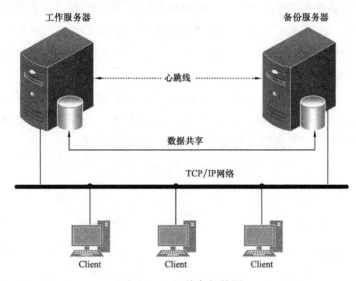

图 6.8　双机热备拓扑图

　　数据管理是三甘醇脱水装置智能监测与诊断系统的 B/S 应用架构的数据服务层组成部分，监测系统所需的分析诊断数据和分析诊断结果等数据均存储于数据库中，在监测系统运行期间将实时地从数据库中读取和写入数据，同时，用户在 Web 浏览器数据请求时，后台服务将访问数据库，并从数据库读取和传输数据，因此数据库的设计将直接影响监测系统的运行效率。数据库的设计主要包括数据表的设计和数据库配置设计。

　　数据表设计，依据监测系统的需求而设计，为合理地使用数据库资源以及提高数据增、删、改、查的效率，在设计数据表时，包括数据需求分析、概念结构设计、数据表设计等几个步骤，依据智能监测与诊断系统的需求而确定需设计表格的类型，如设备信息表、故障诊断表，参数预测表、监测参数实时数据表等。然后进行概念结构设计，表格除应遵循 MySQL 基本规范外，还应遵循三甘醇脱水装置的特点，各表格应该统一规范化，以提高数据使用访问的效率，降低数据维护的困难。

　　其中数据维护包括数据表新建、附加、分离、备份、还原，最后进行实际设计。本监测系统设计的数据表主要包括设备信息表、故障原因表、设备检维修信息表、设备训练数据模型表、参数预测值记录表、故障案例表、报警记录信息表等 17 个数据表类型，各数据表相关信息见表 6.5。其中设备故障原因表设计见表 6.6，故障记录节点保存表见表 6.7。

表6.5中各表所属关系为：

（1）PI数据保存记录表和PI数据请求转换数据值记录表将三甘醇脱水装置的监测运行数据转化为Python服务所需的监测数据格式。

（2）PI数据请求转换数据值记录表、设备训练数据模型表、工艺参数基础信息表和故障案例表为Python服务数据分析提供所需的数据。PI数据请求转换数据值记录表是原始数据，设备训练数据模型表是PCA异常识别的模型训练数据，工艺参数基础信息表与阈值异常识别相关，故障案例表为案例库的识别提供案例数据。

（3）参数预测值记录表、SDG记录节点保存表、天然气水露点预测值记录表和三甘醇损耗量预测值记录表是Python数据分析的结果。

（4）SDG记录节点保存表、SDG节点表和SDG关系表为用户提供了SDG故障路径。

（5）故障原因表、设备信息表、设备检维修信息表、故障原因处理建议表、报警记录信息表和故障知识库工艺参数关联表与故障的维护管理相关。

表6.5　各数据表相关信息

序号	数据表名称	功能
1	故障原因表	记录设备故障原因，故障逻辑次数等信息
2	设备信息表	记录设备基本信息，如类型、厂家等
3	设备检维修信息表	记录设备检维修信息，如故障时间、处理方法等
4	设备训练数据模型表	PCA模型训练数据
5	参数预测值记录表	记录监测参数VAR模型预测值
6	故障案例表	相关案例数据，包括案例名称案例数据等
7	SDG记录节点保存表	保存SDG模型推理得出的故障关系
8	SDG节点表	SDG模型中各节点状态
9	SDG关系表	SDG模型中各节点状态及与周围节点的逻辑关系
10	天然气水露点预测值记录表	记录天然气水露点预测值
11	故障知识库工艺参数关联表	记录故障与参数的关联关系
12	PI数据保存记录表	读取PI数据库的数据的数据表，包括时间和值
13	PI数据请求转换数据值记录表	将PI数据库读取值转化数据传输的json格式
14	工艺参数基础信息表	包括监测参数阈值等信息
15	故障原因处理建议表	故障原因发生时的处理建议，包括故障时间等
16	三甘醇损耗量预测值记录表	记录三甘醇损耗量预测值
17	报警记录信息表	异常发生时的报警表，包括参数名称，故障逻辑等

表 6.6　设备故障原因表设计

字段编码	字段注释	非空	类型	宽度	整数位	小数位
id	主键 id（自增）	Y	bigint	20	20	0
created_date	创建时间		datetime	0	0	0
created_by	创建人		varchar	64	64	0
update_date	更新时间		datetime	0	0	0
update_by	更新人		varchar	64	64	0
reason_id	原因逻辑	Y	varchar	36	36	0
reason	故障原因	Y	varchar	1000	1000	0
knowledge_id	故障逻辑	Y	varchar	36	36	0
knowledge_name	故障名称	Y	varchar	128	128	0
occur_number	发生次数		bigint	20	20	0
remark	备注		varchar	255	255	0

表 6.7　故障记录节点保存表

字段编码	字段注释	非空	类型	宽度	整数位	小数位
id	主键 id（自增）	Y	bigint	20	20	0
created_date	创建时间		datetime	0	0	0
created_by	创建人		varchar	64	64	0
update_date	更新时间		datetime	0	0	0
update_by	更新人		varchar	64	64	0
relation_id	关系逻辑		varchar	36	36	0
warn_id	故障记录		varchar	36	36	0
warn_time	报警时间		datetime	0	0	0
node_id	节点 id		varchar	36	36	0
node_name	节点名称		varchar	128	128	0
node_next_id	节点指向 id		varchar	36	36	0
node_next_name	节点指向名称		varchar	128	128	0
node_type	节点类型（0：正常 1：异常）		bigint	20	20	0
node_next_type	下级节点类型		bigint	20	20	0
line_type	指向关系		bigint	20	20	0
remark	备注		varchar	255	255	0

6.4 智能诊断与趋势预测系统主要功能模块

6.4.1 故障诊断逻辑设计

在智能故障诊断与趋势预测系统中，故障诊断、异常识别和参数预测是三甘醇脱水装置检维修平台的核心，由多个模块协同工作完成这三项功能，多个模块对应系统总体架构应用服务层的 Python 服务，使用的第三方库见表 6.4。

在应用后台服务与 Python 服务交互时，应用后台服务通过与 Python 服务建立接口，不断地向 Python 服务传脱水装置实时运行数据，并通过 Python 服务对脱水装置进行异常识别和参数预测，然后通过与系统后台服务建立通信接口，将分析结果以 json 格式返回存储入数据库中，最后通过应用后台服务向用户呈现识别结果。异常识别技术包括数据预处理、阈值异常识别、PCA-SDG 故障诊断、案例库故障识别。参数预测是基于向量自回归的参数趋势预测和工艺监测参数融合驱动的工艺指标在线预测方法。三甘醇脱水装置检维修平台的 Python 服务异常识别与参数预测系统的数据分析模型如图 6.9 所示，其系统技术架构如图 6.10 所示。其中，应用后台服务不断向 Python 服务发送脱水装置的监测参数运行数据和数据相关分析的数据，以实现对脱水装置的异常识别和参数预测预警，当分析结束时，将结果返回给后台应用服务，并将分析结果存入系统数据库中。

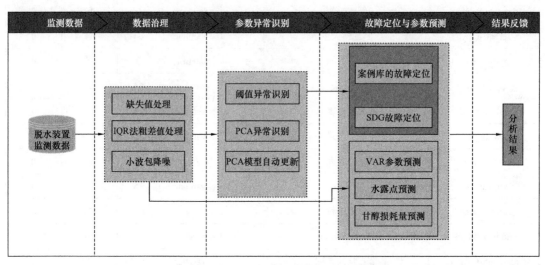

图 6.9 三甘醇脱水装置检维修平台 Python 服务异常识别与参数预测系统的数据分析模型

三甘醇脱水装置检维修平台 Python 服务智能故障诊断与趋势预测系统主要包括首页、设备监控与报警、工艺参数分析与预警、故障识别与分析、设备检维修管理、专家知识库、故障案例和设备实时信息等主要功能模块，如图 6.11 所示。

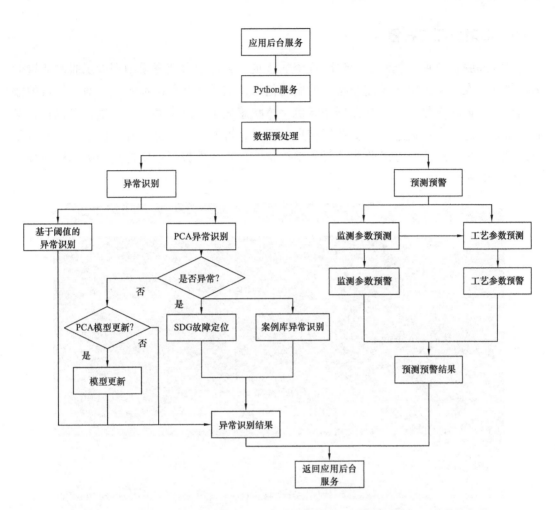

图 6.10　三甘醇脱水装置检维修平台 Python 服务异常识别与参数预测系统技术架构

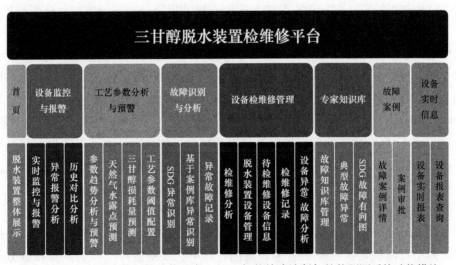

图 6.11　三甘醇脱水装置检维修平台 Python 智能故障诊断与趋势预测系统功能模块

6.4.2　实时监测与报警

　　三甘醇脱水装置智能监测与诊断系统的首页，通过脱水装置模型图展示脱水装置的运行状态，在模型图中显示监测参数的实时信息，在所有参数的显示上，对有异常的数据用红色字体状态显示，正常数据用绿色字体状态显示。点击某一个参数，可以查看参数的报警信息、参数信息、历史数据信息、预测分析值。首页是三甘醇脱水装置的全貌图，通过首页的展示，可以监测装置的整体状态，并且参数可以定位到相关的诊断分析页面中（图 6.12）。

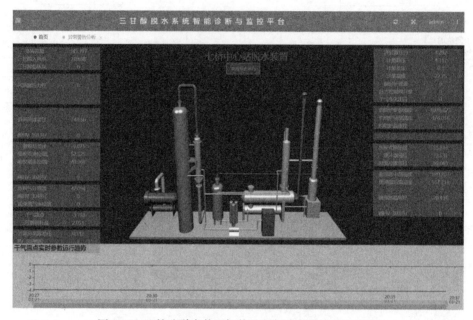

图 6.12　三甘醇脱水装置智能监测与诊断系统首页界面

　　设备监控与报警模块包括实时监控与报警、异常报警分析、历史对比分析。其中：

　　（1）实时监控与报警是对监测参数的实时监控，查看所有参数的实时数据运行曲线，在该模块中将参数按照设备分组，以设备为单位查询参数的实时数据运行曲线。

　　（2）异常报警分析显示了针对监测系统通过阈值分析、PCA 异常分析、案例库故障分析和 SDG 故障定位等故障识别方法识别的故障，异常报警分析页面中显示了异常识别、曲线分析、处理建议、历史对比分析相关信息，其中，异常识别通过故障识别方法，最终通过 SDG 图显示故障路径，清晰地展示故障的具体细节；曲线分析展示了具体异常参数的曲线变化；处理建议根据知识库的相关经验知识给出设备故障的处理建议，以便维护人员对设备进行维护；历史对比分析，通过与历史正常数据比较，维护人员或监测人员可以更全面地了解故障的特征，对故障有更加全面的了解。

　　（3）历史对比分析，自动与最接近的历史案例库数据对比，通过与案例库数据的对比，维护人员可以确定该故障是否为新案例。其中，设备监控与报警异常报警分析页面如图 6.13 所示。

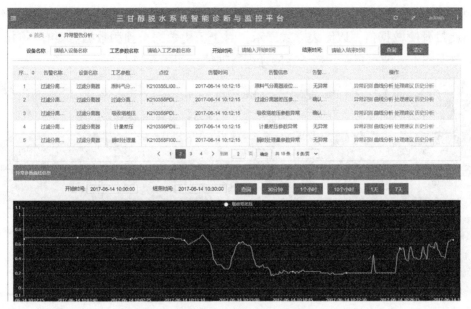

图 6.13 设备监控与报警异常报警分析页面

6.4.3 工艺参数分析与预警

工艺参数分析与预警服务包括监测参数趋势分析与预警、天然气水露点预测、TEG 损耗量预测和工艺参数阈值配置。

（1）监测参数趋势分析与预警：此页面主要展示查询各参数数据预测值，以图表方式展示，对于历史数据与预测数据需要有不同的标识形式，如图 6.14 所示。

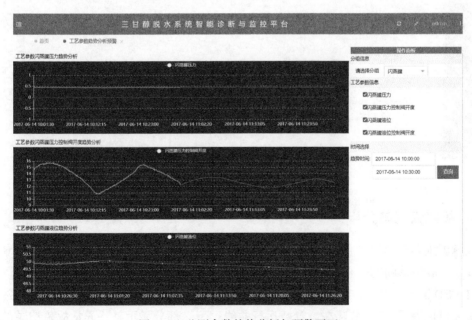

图 6.14 监测参数趋势分析与预警页面

（2）天然气水露点预测、三甘醇损耗量预测：此页面主要展示查询水露点预测或三甘醇损耗量预测数据值，以图表方式展示，对于历史数据与预测数据需要有不同的标识形式。数据图下方展示露点或损耗量的详细数据值，如图 6.15 所示。

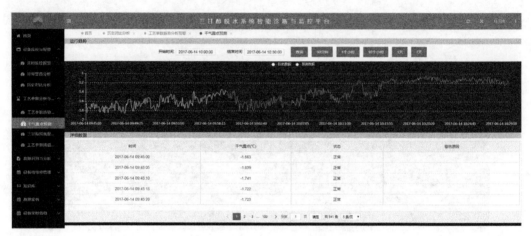

图 6.15　天然气水露点预测页面

（3）工艺参数阈值配置：此页面主要功能，可以新增、编辑、删除参数信息，以及配置各个参数的阈值；显示工艺参数列表；列表需要可以查看参数的实时数据值，阈值配置值，如图 6.16 所示。

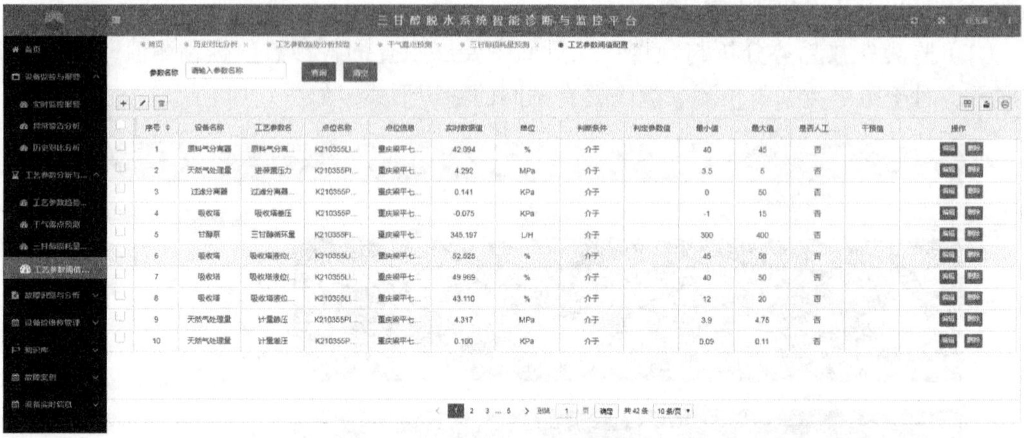

图 6.16　工艺参数阈值配置页面

6.4.4　故障识别与分析

故障识别与分析服务包括 SDG 异常识别、基于案例库异常识别和异常故障记录，是检维修平台故障诊断的核心，它展示了故障的具体信息。

（1）SDG 异常识别：此页面由两部分组成，页面上部展示异常故障信息，异常故障信息页面可以查看 SDG 故障树，参数运行曲线；下一部分显示某一异常故障记录的故障

树，以及参数运行曲线。也可以根据时间查询某一个异常故障记录在查询时间段里面的
数据运行趋势，如图 6.17 所示。

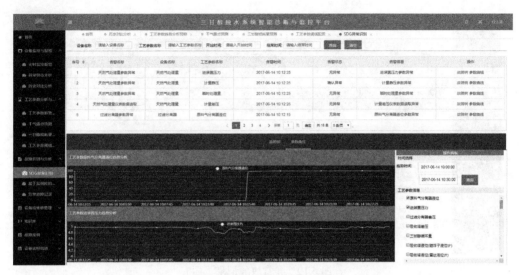

图 6.17　SDG 异常识别页面

（2）基于案例库异常识别：此页面由三部分组成，第一部分由异常故障记录表格记
录显示，可以操作异常对比分析，保存异常故障记录为案例以及案例库数据。第二部分
由图表构成，默认显示第一天异常记录与案例库中最为相似的两条数据曲线对比。当点
击异常对比分析后，与案例库中相似度最高的数据进行对比显示。第三部分显示案例库
与异常故障相似度排序，如图 6.18 所示。

图 6.18　基于案例库异常识别页面

（3）异常故障记录：此页面由两部分组成，第一部分是对异常故障记录的统计信息，
可以查看异常故障树、设备异常排名、工艺参数异常排名。第二部分显示异常故障记录

列表。可以查看单个异常故障记录并进行异常识别，审核异常，异常参数曲线，处理建议，如图 6.19 所示。

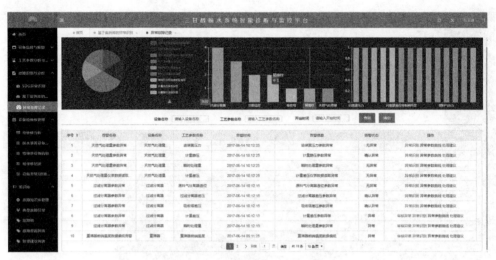

图 6.19　异常故障记录页面

6.4.5　设备检维修管理

故障识别与分析服务包括检维修分析、脱水装置设备管理、待检维修设备信息、检维修记录和设备异常 / 故障分析功能，故障识别与分析服务是故障发生后，设备检维修的管理分析。

（1）检维修分析：选择某一个设备，查看设备待检修记录趋势图。根据查询时间显示待检修数据记录详情，如图 6.20 所示。

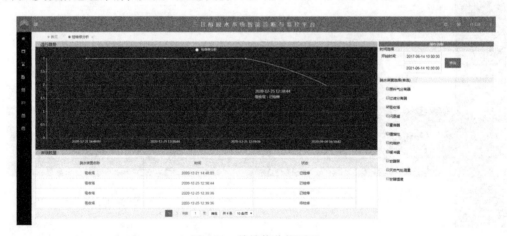

图 6.20　检维修分析页面

（2）脱水装置设备管理：查看脱水装置设备台账；查看脱水装置设备信息、状态，如图 6.21 所示。

图 6.21　脱水装置设备管理页面

（3）待检维修设备信息：查看待检修设备记录台账，可对待检维修设备进行检修操作，记录增加检维修记录，检修功能；可以添加检修信息：是否异常，异常是否处理，故障原因。处理方法如图 6.22 所示。

图 6.22　检维修设备信息页面

（4）检维修记录：检维修记录页面可以查看所有设备的检维修记录信息台账，检维修记录信息设备台账，查看设备检维修记录次数、检修时间、是否异常、异常是否处理、异常原因、处理方法等，如图 6.23 所示。

图 6.23　检维修记录页面

（5）设备异常 / 故障分析：根据按时间、按设备类型、按状态、按异常原因、按参数类型统计异常记录，如图6.24所示。

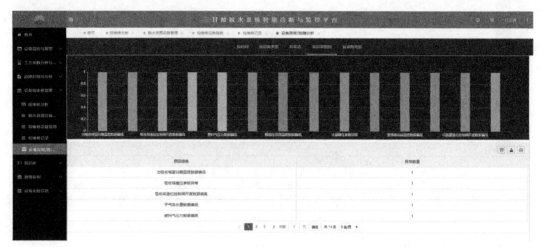

图 6.24　设备异常 / 故障分析页面

6.4.6　知识与案例库

知识与案例库是关于设备故障经验知识识别的服务，包括故障知识库管理、典型故障异常、故障树功能。

（1）故障知识库管理：可以新增、编辑、删除、查看故障知识库。参数配置，配置故障相关联的参数信息，如图6.25所示。

图 6.25　故障知识库管理页面

（2）典型故障异常：此页面为左中右结构布局，最左边展示所有故障信息，也可以根据故障名称查询故障信息，点击故障名称，显示故障发生的原因、处理建议以及故障发生的相关参数，如图6.26所示。

（3）故障树：故障树主要以 SDG 图的形式表现故障与参数、参数与参数之间的关系，可以根据设备查询某一个故障树的 SDG 关系图，如图 6.27 所示。

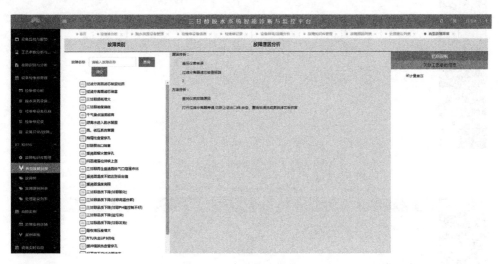

图 6.26　典型故障异常页面

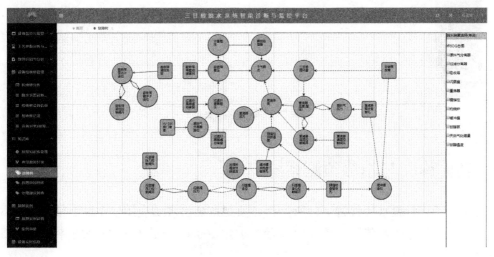

图 6.27　故障树页面

故障案例是关于故障案例更新的服务，包括故障案例详情和案例审批功能。当有新案例时，将自动加入此部分服务，并处于待审核状态，当审核通过后，成为新的故障案例。

（1）故障案例详情：显示所有故障案例记录列表。可以编辑、删除案例。列表显示故障案例名称、设备名称、故障原因、故障名称等，如图 6.28 所示。

（2）案例审批：由于案例需要审批及确认，案例需要进行审批，确认是否异常数据是否可以作为一次案例。可以操作对案例的审批功能，审核案例是否通过，如图 6.29 所示。

图 6.28　故障案例详情页面

图 6.29　案例审批页面

6.5　智能诊断与趋势预测系统应用

目前，三甘醇脱水装置智能诊断与趋势预测系统已成功应用于中国石油西南公司重庆气矿多套三甘醇脱水装置。图 6.30 所示为扩建 $100 \times 10^4 \text{m}^3/\text{d}$ 三甘醇脱水装置的现场应用情况。

(a)　三甘醇扩建30×10⁴m³/d脱水装置现场图

(b)　系统监控运行图

图 6.30　三甘醇脱水装置智能诊断与趋势预测系统测试画面

6.5.1 重沸器进水故障案例

重沸器进水指标为：在短时间内，天然气过滤分离器压差超过 50kPa，重沸器温度下降 5℃，重沸器温度控制阀开度增加 5%，吸收塔液位调节阀开度增加 5%，闪蒸罐液位上升 5%。其故障模拟时间为 2021 年 3 月 10 日。当进行故障模拟时，系统不断读入修改后的 PI 数据库的数据进行识别，首先读入正常数据，由于进水是由上游引起，并且水由过滤分离器流经闪蒸罐，最后流入重沸器，因此将过滤分离器压差平稳时的各参数值作为参数的比较基准，即将开始读入的数据作为基准并设定阈值，然后输入更改后的数据。其识别的结果如图 6.31 所示。如图 6.31 所示，系统判断出了闪蒸罐液位和精馏柱顶部温度等相应参数异常，并指向重沸器进水异常。通过 SDG 显示了故障路径，故障路径如图 6.32 所示。

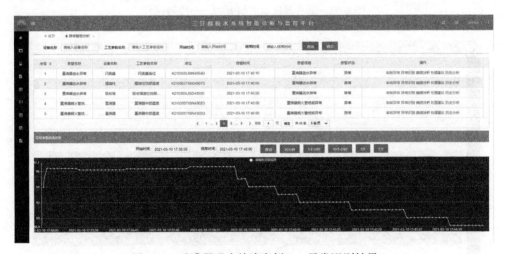

图 6.31 重沸器进水故障案例——异常识别结果

6.5.2 缓冲罐换热盘管故障案例

与重沸器进水故障案例相同，缓冲罐换热盘管穿孔故障案例同样采用阈值方法进行了故障模拟，缓冲罐换热盘管穿孔指标为，在较长时间范围内，出缓冲罐贫甘醇温度和三甘醇入泵前温度降低 5℃，其识别的结果如图 6.33 所示。如图 6.33 所示，系统判断出了出缓冲罐贫甘醇温度和三甘醇入泵前温度异常，且异常指向的缓冲罐换热盘穿孔异常。并通过 SDG 显示了故障路径，故障路径如图 6.34 所示。缓冲罐换热盘管穿孔故障是长期过程形成的故障，模拟时为识别故障，因此阈值设定基准选定异常发生前的一段时间，在实际应用中，阈值依据设备维护后正常运行值来设定。

6.5.3 闪蒸罐压力调节阀失效故障案例

闪蒸罐压力调节阀失效故障案例来自历史故障数据，该案例通过系统使用 PCA -SDG 异常识别方法进行案例分析，该故障于 2017 年 6 月 17 日 9 时 55 分 25 秒发生，故障发

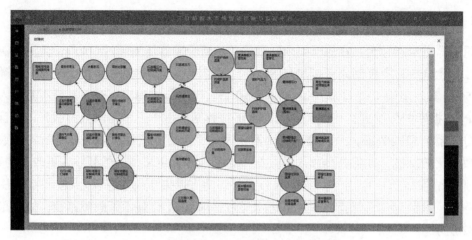

图 6.32 重沸器进水故障案例——故障路径

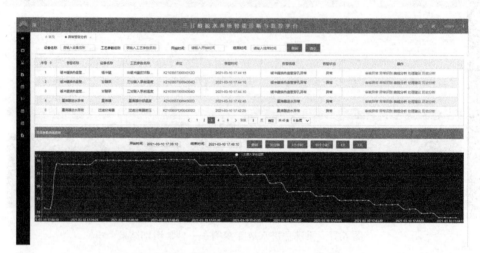

图 6.33 缓冲罐换热盘管故障案例——异常识别结果

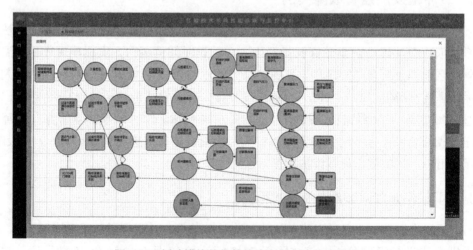

图 6.34 缓冲罐换热盘管故障案例——故障路径

生时，闪蒸罐压力迅速降为 0MPa。针对闪蒸罐子设备子系统，其 PCA 识别结果如图 6.35 所示，该图为 Python 服务后台数据，并未在界面展示层直接向检测人员展示，图 6.35（a）和图 6.35（b）分别为 *SPE* 和 T^2 统计量，其 T^2 和 *SPE* 统计量于 9 时 54 分 30 秒识别出异常，比较闪蒸罐异常发现时间早 55 秒，其识别结果具有预警作用。图 6.35（c）为监测参数累计残差，PCA 识别中闪蒸罐液位、闪蒸罐液位控制阀开度、闪蒸罐压力、闪蒸罐压力控制阀开度均为异常参数，同时 SDG 故障路径如图 6.36 所示。

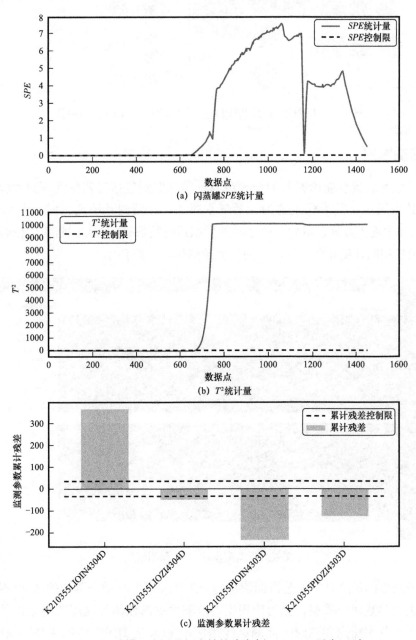

(a) 闪蒸罐 *SPE* 统计量

(b) T^2 统计量

(c) 监测参数累计残差

图 6.35　闪蒸罐压力调节阀失效故障案例——PCA 异常识别

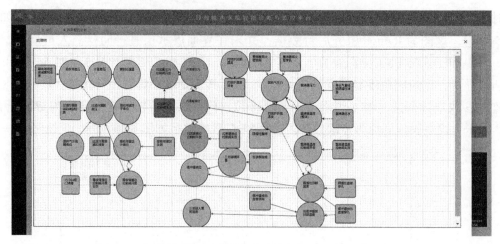

图 6.36　闪蒸罐压力调节阀失效故障案例——SDG 故障路径

6.5.4　预测案例

三甘醇脱水装置智能诊断与趋势预测系统预测案例包括工艺参数预测和脱水工艺指标预测，其中脱水工艺指标主要为天然气水露点。在监测系统测试时，在 2021 年 3 月 15 日，以 2h 为输入数据，对后一个小时的数据运行趋势进行 VAR 预测。如重沸器设备，重沸器温度控制阀开度和燃料气压力的趋势预测如图 6.37 所示。

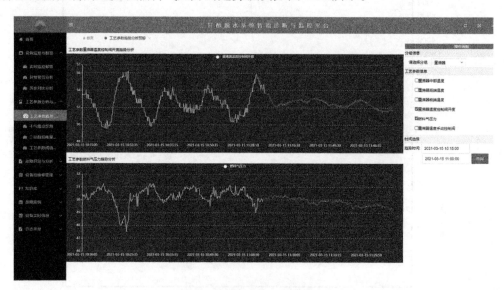

图 6.37　监测参数 VAR 预测结果

对于工艺指标预测时，工艺指标使用的是工艺监测参数融合驱动的 ANP 在线预测方法，该方法是参数回归模型，分为使用实时监测数据的预测和使用监测数据的预测值两种。对于天然气水露点预测时，此测试应用使用 VAR 模型的预测结果作为 ANP 在线预测的输入，其预测结果如图 6.38 所示。

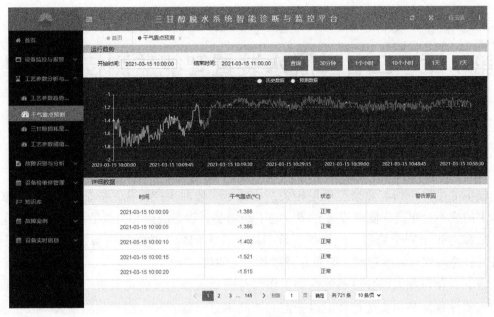

图 6.38　天然气水露点预测结果

第7章　三甘醇脱水装置智能监测技术展望

7.1　油气储运装备的智能运维与健康管理

设备的生产价值与复杂度成正相关，相比于一般的生产设备，复杂的设备在维护和保障上的成本会更高。随着设备复杂度的不断增加，设备故障和失效的概率也逐渐增大。发生故障时带来安全隐患、经济损失等问题也让人们越来越重视设备的健康管理工作。设备的智能运维与健康管理逐渐成为研究者关注的焦点。

当下石化行业大部分设备的维护工作都是通过工作人员的定期检修来完成。依据设备的重要性程度和历史统计数据以一定时间间隔进行检查和大修来预防重大事故。这种方法能在一定程度上发现设备的隐藏问题，降低事故发生的概率。但是并不能有效地预防事故的发生，一方面是消耗了大量的人力物力，对检修人员的技术也有一定的要求；另一方面，每台设备在生产、制造和使用时难免会出现个体差异，这样的统一定时维修的策略并不能有效地维护设备的可靠性。有许多可靠性高的设备因为使用情况、使用频率的关系，在远低于寿命预期的时间范围内出现故障，即"欠维修"；"过维修"则是指正常运行的设备到了设定的间隔进行了完全不必要的维护，继而造成了人力物力的浪费。

随着中国制造2025和工业4.0的出现，国家对制造业的水平有更高的要求，智能运维就是其中一个核心的发展方向。设备的健康管理是智能运维中重要的组成部分。21世纪以来，计算机大数据分析、深度学习、人工智能等技术已在互联网领域得到了广泛应用，其发展趋势必然影响设备故障监测诊断领域。无人化、自动化、智能化是国内外设备监测管理发展的大方向，油气储运设备的智能运维与健康管理是必然趋势。

天然气脱水装置作为油气运输的重要环节，目前已积累了大量监测数据，为智能运维工作的开展提供了基础。目前，国内绝大多数的三甘醇脱水装置还停留在有大量检测数据但是并没有诊断工具和保护装置的阶段。设备的维修依然靠一线设备管理人员进行故障判断，故障的自动诊断、智能诊断更是无法完成。本书在三甘醇脱水装置故障机理分析的基础上研究了数据预处理技术、智能故障诊断技术以及工艺参数预测技术，开发了智能诊断与趋势预测系统并进行了应用分析。完整的设备管理流程需要针对状态评估结果执行相应的维护策略，本书未涉及维护策略的深入研究。

后续的研究工作中，将在智能故障诊断工艺参数预测的基础上，以降低三甘醇脱水装置故障率、维修时间以及合理规划备件库存作为设计目标，开发检修策略优化系统，在保证脱水装置可靠运行的基础上降低维护费用。对于生产部门来说，相关人员能够更加及时、准确、全面地了解设备运行情况，并根据设备管理的实际需求做好生产计划的调整以及备品、备件的管理，从而提高设备运维工作的科学性与有效性。

行之有效的智能运维与健康管理包括以下方面：

（1）对设备健康状态进行监测，对比实时数据与预先设定的健康指标的阈值进行异常的识别，判别设备的健康状态；同时，依据大数据分析结果提供健康维护的辅助决策。

（2）故障智能排除决策，以最快的时间定位故障根本原因，并根据智能方法对故障进行快速诊断，正确制定设备故障管理信息化所需要的维修模式、维修时机、维修周期、维修成本和维修更新价值等检维修策略。

（3）贯穿以可靠性与安全性为中心的维修思想，执行以故障后果为导向的预防性维护策略，以减少关键设备故障维修概率，优化预测性维护相关标准为参考，通过大数据统计与分析，优化预测性维修规程、流程、备件和物料需求，以及预测性维修验收要求。

（4）对状态劣化和趋势不良的设备及时发布状态预警消息，并进行有效故障模式和原因的分析。对设备运行状态、隐患和共性缺陷的诊断分析，最终通过综合优化检维修策略模型分析，提出检维修决策建议，对处于不同健康状况的设备，提出不同的检修方案、检修策略，例如重点检修项目、检修周期、紧迫性程度等，最终可实现定制化检维修策略和智能化运维。通过关键设备维修价值，以及动态跟踪设备运行状态，不断摸索设备劣化规律，优化多个关键部件的维修周期，在充分保障设备运行质量的同时，最大可能地节约设备维修成本。

在可以预见的未来，随着云计算、工业大数据、人工智能等技术的飞速发展，智能运维在重大设备中的应用将越来越成熟和广泛。针对三甘醇脱水装置的智能运维技术的不断发展，将会使三甘醇脱水装置的智能运维和健康管理工作更加精准、方便和有效。

7.2 基于数字孪生体的智能监测预警技术

7.2.1 数字孪生

随着人工智能（AI）在数据分析、机器学习（ML）和模式识别（PR）领域的持续发展，人工智能正在成为人们日常生活的一部分。在过去的 20 年里，物联网（IoT）技术的出现改变着数据的获取方式，促使数据的形式呈现出如今大数据的特点，即数据量大、更新速度快、数据类型多样化和价值密度低。数据量的激增也促进了数据处理技术的发展。近年来，数据融合技术、高维数据处理、大数据分析和云计算等领域百花齐放，通过这些技术能够从海量看似无用的数据中提取出有价值的信息用来指导人类社会的生产活动。可以认为，人工智能和物联网技术的兴起促使了数字孪生的诞生。之后，随着工业革命 4.0 和中国制造 2025 等国家层面的战略的提出，智能制造成为全球制造业发展的共同目标，数字孪生得到了更为广泛的应用。

数字孪生概念的前身是 2003 年由 Grieves M.W. 教授在美国密歇根大学的产品全生命

周期管理（Product Lifecycle Management，PLM）课程中提出的"镜像空间模型"。而后，数字孪生（Digital Twin，DT）的名字第一次出现在 2010 年美国国家航空航天局（NASA）的航空航天技术路线图中，采用数字孪生进行飞行系统的全面诊断和预测功能。实质就是对物理实体利用数字化技术进行完整实时记录数据、实时仿真优化、虚拟验证，从而可对物理实体进行仿真、检测、控制、故障诊断、预测以及预警。数字孪生智能预测流程如图 7.1 所示。

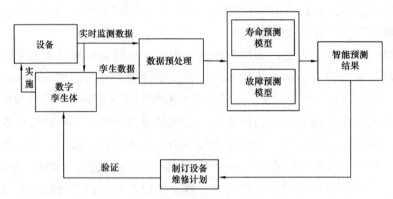

图 7.1　数字孪生智能预测流程图

在制造业里，数字孪生被定义成虚拟模型与现实设备的映射系统，特点是使用监测数据、数学模型等达成虚拟和现实的同步，对数据进行实时分析，进行预测与健康管理。近几年，国内的数字孪生技术也在蓬勃发展。比较著名的是北京航空航天大学的陶飞教授对数字孪生应用的探索，提出的数字孪生五维概念模型被广泛引用，其中包含物理实体（PE）、虚拟实体（VE）、服务（Ss）、孪生数据（DD）和连接（CN）5 个方面，如图 7.2 所示。

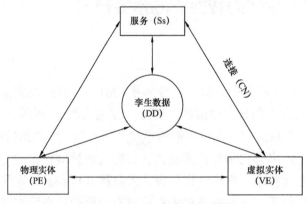

图 7.2　数字孪生五维概念模型

7.2.2　基于数字孪生的预测与诊断关键技术

油气行业的数字孪生体与其他行业的略有不同。油气行业中涉及化工过程，且多为气、液的介质形式，对孪生体的要求会更高。另外，油气行业的数字孪生体还要考虑试运行，因为大部分设备在开停车状态和正常运行状态是分别处于动态平衡和稳态平衡两种状态，所以模拟试运行也是重要一环。此外，鉴于设备的操作难度大、操作复杂等特点，需要为员工提供身临其境的虚拟培训，使用工厂孪生设备进行现场操作和维护活动。最后，由于气站等场地较大，紧急疏散训练也可以使用孪生体进行训练。油气行业数字孪生相关关键技术如图 7.3 所示。

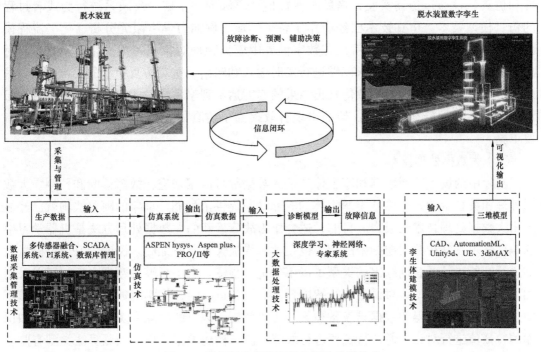

图 7.3 油气行业的数字孪生相关关键技术

（1）数据采集管理技术。

数据采集管理技术是数字孪生体技术中的底层基础技术。在创建孪生体的过程中，需要采集设备的几何数据、生产数据和故障数据等，这些数据是后续仿真、建模的重要依据，而且这些数据的准确性直接关系到孪生体是否能精准地映射整个装置。在工业上数据采集使用较多的为 SCADA 系统，该系统是以计算机为基础的分布式控制系统（Distributed Control System，DCS）与电力自动化监控系统，它的应用领域很广，包括电力、冶金、石油、化工、燃气和铁路等领域的数据采集与监视控制。SCADA 系统中集成的多传感器融合技术、网络通信技术都是实现孪生体的重要组成部分，多传感器融合可以避免单一传感器融合带来的不可避免的不确定性和偶然性，这些偶然性通常会使系统失效。网络通信技术则是孪生体与物理对象之间实时交互，相互影响的前提。网络既可以为数字孪生系统的状态数据提供增强能力的传输基础，满足孪生体的数据获取、数据同步、实时传输等需求，也可以助推物理网络自身实现高效率创新，有效降低网络传输设施的部署成本和运营效率。数据采集之后需要对数据的合理管理，将采集到的生产数据进行合适的管理，方便后续进行分析和回溯。在工业上有配合 SCADA 使用的 PI 数据库进行数据管理，也可以将采集的数据转入 MySQL、SqlServer 或者 NoSQL 等不同的数据库进行整理，使后续对数据的查找、存储或者遍历更加快捷。

（2）仿真技术。

仿真技术是模拟物理对象在数字空间中行为的核心技术。仿真技术是使用仿真硬件和仿真软件通过仿真实验，借助某些数值计算和问题求解，反映系统行为或者过程的仿真模型技术。仿真技术已经应用于各个领域，例如力学有限元分析、化工流程模拟或者军事模拟等，其目的就是在数字世界中模拟物理对象的行为，能够预测真实对象的行为。孪生体的仿真要求能够进行实时输入和输出，这对仿真模型的要求较高。另外，仿真的计算量庞大，导致仿真出结果的速度达不到孪生体的实时要求，但是目前云计算兴起，各种分布式计算框架的出现有效提高了仿真的速度，降低了对仿真的设备要求。

（3）大数据处理技术。

实际中的设备监测数据和孪生体产生的数据都可以用来进行故障诊断和预测。大数据处理相关技术的发展给基于孪生体的故障诊断提供了可能。早年的阿尔法狗就已经显现出大数据处理技术的威力。目前，适合作为故障诊断的大数据处理方法是机器学习中的深度学习，其在数据挖掘中的能力也在学术界被大量研究证明。深度学习通过模拟人脑进行智能决策，其训练出的模型可以用来进行预测。有了足够的数据之后，可以采用相应的算法建立模型，对设备进行智能预测。设备运行时，将实时数据传入孪生体模型中进行仿真，将获得的数据与设备积累的历史数据、现有的故障专家库、设备出厂知识库的特征值进行对比，通过特征值进行故障预测。构建模型采用的预测算法类型有监督学习和无监督学习等，有监督学习有决策树、随机森林、支持向量机、传统神经网络和深度学习等；无监督学习有核密度估计、k 均值聚类和主成分分析等。

（4）孪生体建模技术。

孪生体建模是将物理世界的对象数字化和模型化的过程。通过对物理世界的模型或者问题进行简化和模型化，将物理对象转换为计算机能够识别的数字模型。孪生体的建模需要完成从多领域多学科的角度模型融合，以实现物理对象的特征的全面刻画，孪生体建模完成后，要能够表征实体对象的状态、模拟实体对象在显示环境中的行为，并且能够分析物理对象的未来发展趋势。数字孪生体的可视化工作由二维或者三维模型来承担。如何在一个三维空间中，呈现出一个与实际设备相对应的孪生体是关键技术之一。这里并不是指普通的三维模型，而是能够与实际设备进行交互，互相影响的孪生体模型。目前较为通用的解决方案是通过 3Ds Max 产出设备的数字模型，并且做相应的轻量化处理，然后将模型导入 Unity3D 和 UE 中，基于 Unity3D 和 UE 进行孪生体模型的搭建，并通过不同的脚本控制三维空间的模型的动作来实现孪生。

7.2.3　数字孪生在油气行业中的展望

信息和通信技术的最新进展，包括云计算、高性能处理器、高维可视化能力、物联网、可穿戴技术、增材制造、大数据分析、人工智能、自主机器人系统、无人机和区块链技术，促进了各行业的发展。通过收集数据可以分析和挖掘，找到数据中的有效信息，以便做出更合理的决定，并为模拟和优化操作提供基础。这种信息技术与物理交互的概念在制造业、汽车行业和航空航天早已成为趋势，而在油气运输行业却是刚刚起步。业界迫切地需要虚实交互的相关技术来协助一线作业人员对油气设备的检测与管控，从而在不增加成本和人力的情况下尽可能地降低监控难度。

目前，已有相关领域的人员对油气储运中的管道进行数字孪生体构建的研究。管道作为油气储运的桥梁，是泄漏故障高发的设备之一，对管道进行高度监控有利于生产效率的提高。难点在于对数据的整合以及数据的可视化。管道的物理信息有两类：一类是内外检测数据、周边环境数据、监控数据、光纤预警数据的管道管理数据；另一类是泄漏检测、能耗检测、压缩机运行、电气设备的检测数据。

对在役油气田、气站的数字孪生体的构建也有相关的探索。对于目前油气所使用的系统，存在诸多问题，例如关键装置运行参数不全，且可视化能力较低；只能对关键装置的关键参数进行检测，且只能用于显示给相关人员进行判断，并不能对实时获取的数据进行智能化分析，也不能结合数据模型对不安全运行状态进行智能分析，无法实现关键装置的安全生产风险预警，造成了极大的数据资源浪费；对于未检测的下属设备，独立运行，未实现统一的监控。主要的技术是三维重建技术和工业互联网的相关技术。三维重建采用的是 3Ds MAX 建模，Unity3D 作为实时的三维空间构建引擎以及 BIM 技术，将生产数据导入孪生体中，使用孪生体作为数据展示的纽带，能够更加直观地显示设备的运行状态以及预警状态。工业互联网的相关技术主要用于采集工业设备的信息，将具有感知和监控能力的各类采集器、控制传感器或控制器，以及移动通信、智能分析等技术不断融入工业生产过程各个环节，从而大幅提高生产效率，改善产品质量，降低产品成本和资源消耗，最终实现将传统工业提升到智能化的新阶段。工业数据通过网络协议 HTTP/HTTPS 等向孪生体进行输送，使孪生体和气站能够进行实时信息交互，保证孪生体的真实性。

虽然在孪生体的模型构建方面已经初见成效，但是设备的智能化预警、设备应急管理、针对不同工艺流程确定设备的损耗等都还在探索阶段；另外，数字孪生体还可以拓展到对环境污染的影响和运行一系列"假设"场景，在规划未来的施工、调试、运营、维护、维修和退役活动等方向进行探索。

三甘醇脱水装置的数字孪生能够带来诸多便利，例如在三维空间中先行搭建设备用来指导实际工厂的建设，孪生体与实体设备的交互能够实时掌握设备的情况，使用孪生体对脱水装置的脱水效果和三甘醇损耗进行预估来指导实际生产，孪生体与实体设备相结合进行更加精准的故障诊断与预测，这些都能优化整个三甘醇脱水的生产流程，提高生产效率。但是脱水设备的数字孪生面临的技术难题还有很多，例如大型模型的建模与轻量化处理、化工仿真流程的实时更新、三维空间中的流体模拟仿真和化工流程中能源消耗如何评估等，目前的技术水平还不能完全达到孪生的效果，还需要科研人员进一步的探索。

7.3 结语

由于资源储量丰富、清洁高效、价格经济等优势，天然气在我国一次能源消费结构中的比例不断攀升。而产于油气田的天然气通常含有游离水等杂质，对天然气的管道运输和使用存在巨大危害，因此天然气脱水是储运环节的关键技术。三甘醇脱水装置是由多个设备组成的复杂设备系统，价格昂贵，各设备因不同的设备结构和运行条件，存在不同的故障机理。由于设备众多，故障机理繁杂，三甘醇脱水装置维护困难、被动，部分设备采用运转至出现故障时才进行维修的方式，这种维修方式其弊端在于需要做好大量的备件库存，且停产时间长，影响生产。虽然设备故障诊断与预测领域已经发展了很多年，但是至今没有一套系统能够针对性地对三甘醇脱水装置进行故障诊断与预测的系统。本书对三甘醇脱水装置数据预处理技术、智能故障诊断技术、工艺参数预测技术、在线监测诊断系统进行了详细介绍，希望本书的研究成果对我国三甘醇脱水装置智能诊断技术的发展起到抛砖引玉的作用。

参考文献

别记平, 2014. 天然气中 CO_2 含量对三甘醇脱水的影响 [D]. 青岛: 中国石油大学（华东）.

曹贵宝, 2014. 随机森林和卷积神经网络在神经细胞图像分割中的应用研究 [D]. 济南: 山东大学.

晁宏洲, 王赤宇, 薛江波, 等, 2007. 克拉 2 气田天然气处理装置工艺运行分析 [J]. 天然气化工（C1化学与化工）（3）: 63-67.

陈海燕, 刘晨晖, 孙博, 2017. 时间序列数据挖掘的相似性度量综述 [J]. 控制与决策, 32（1）: 1-11.

陈平, 徐若曦, 2008. Metropolis-Hastings 自适应算法及其应用 [J]. 系统工程理论与实践（1）: 100-108.

陈祺, 2014. 基于 GA-BP 神经网络的高校实验室安全评价研究 [D]. 厦门: 厦门大学.

陈韬, 杨海涛, 胡建伟, 2008. 膜分离在天然气脱水中的应用研究 [J]. 管道技术与设备（6）: 1-3, 17.

陈锡禹, 2019. 基于 LSTM 的对接机构故障预测与健康管理系统研究 [D]. 哈尔滨: 哈尔滨工业大学.

陈先昌, 2014. 基于卷积神经网络的深度学习算法与应用研究 [D]. 杭州: 浙江工商大学.

陈永淑, 魏艳霞, 洪海生, 等, 2020. 基于粗糙集理论的配网度夏项目决策方法 [J]. 电网与清洁能源, 36（2）: 55-61.

程俭达, 刘炎, 李天匀, 等, 2021-11-21. 强化学习模式下舰船多状态退化系统的维修策略 [J/OL]. 中国舰船研究: 1-7. https://doi.org/10.19693/j.issn.1673-3185.02129.

戴胜泉, 2021. SCADA 系统在能源管理中的应用研究 [J]. 中国设备工程（21）: 11-12.

邓建新, 单路宝, 贺德强, 等, 2019. 缺失数据的处理方法及其发展趋势 [J]. 统计与决策, 35（23）: 28-34.

邓聚龙, 1982. 灰色控制系统 [J]. 华中工学院学报（3）: 9-18.

邓聚龙. 灰理论基础 [M]. 武汉: 华中科技大学出版社, 2002.

邓俊锋, 张晓龙, 2016. 基于自动编码器组合的深度学习优化方法 [J]. 计算机应用, 36（3）: 697-702.

董荣凤, 2018. 基于堆叠自动编码器的多模态脑肿瘤图像分割方法研究 [D]. 成都: 电子科技大学.

董文婷, 2016. 基于大数据分析的风电机组健康状态的智能评估及诊断 [D]. 上海: 东华大学.

杜淑颖, 施天豪, 丁世飞. 基于电子分层模型和凝聚策略的密度峰值聚类 [J]. 南京理工大学学报, 2021, 45（04）: 385-393.

杜小磊, 陈志刚, 许旭, 等, 2019. 基于小波卷积自编码器和 LSTM 网络的轴承故障诊断研究 [J]. 机电工程, 36（7）: 663-668.

段艳杰, 吕宜生, 张杰, 等, 2016. 深度学习在控制领域的研究现状与展望 [J]. 自动化学报, 42（5）: 643-654.

高素萍, 尹丽娟, 徐勤, 2007. Intouch 组态软件在计算机监控系统中的应用 [J]. 计算机工程与设计（13）: 3273-3276.

耿浩, 2020. 面向复杂系统的机械故障诊断及评估算法 [D]. 北京: 中国矿业大学.

郭广智, 1997. 石油化动态模拟软件 HYSYS [J]. 石油化工设计（3）: 29-33.

郭建刚, 2017. 基于 EM 算法的稳健方差分量估计研究 [D]. 北京: 中国地质大学（北京）.

何策，程雁，额日其太，2006.天然气超音速脱水技术评析.石油机械（5）：70-72.

何策，张晓东，2008.国内外天然气脱水设备技术现状及发展趋势［J］.石油机械，36（1）：69-73.

何成刚，2011.马尔科夫模型预测方法的研究及其应用［D］.合肥：安徽大学.

何茂林，梁政，李永生，2007.天然气三甘醇脱水装置的国产化研究［J］.钻采工艺，30（4）：102-104.

何文韬，邵诚，2018.工业大数据分析技术的发展及其面临的挑战［J］.信息与控制，47（4）：398-410.

何晓萍，沈雅云.深度学习的研究现状与发展［J］.现代情报，2017，37（2）：163-170.

何晓群，2019.21世纪统计学系列教材——多元统计分析［M］.5版.北京：中国人民大学出版社.

何志昆，刘光斌，赵曦晶，等，2013.高斯过程回归方法综述［J］.控制与决策，28（8）：1121-1129，1137.

贺雅琪，2018.多源异构数据融合关键技术研究及其应用［D］.成都：电子科技大学.

胡梅花，2011.油气田天然气脱水技术分析.中国科技信息（16）：59-60.

胡晓敏，陆永康，曾亮泉，2008.分子筛脱水工艺简述［J］.天然气与石油（1）：39-41，2.

黄丽，2008.BP神经网络算法改进及应用研究［D］.重庆：重庆师范大学.

吉根林，2004.遗传算法研究综述［J］.计算机应用与软件（2）：69-73.

贾迪，孟祥福，孟琭，等，2014.RGB空间下结合高斯曼哈顿距离图的彩色图像边缘检测［J］.电子学报，42（2）：257-263.

贾伟，2016.基于聚类分析和灰色模型的短期雷击预警系统设计［D］.长春：吉林大学.

蒋文明，刘中良，刘恒伟，等，2008.新型天然气超音速脱水净化装置现场试验［J］.天然气工业（2）：136-138，177.

金激清，钱卫宁，周敏奇，等，2015.数据管理系统评测基准：从传统数据库到新兴大数据［J］.计算机学报，38（1）：18-34.

金在温（Jae-onKim），查尔斯·W.米勒（Charles W. Mueller），2016.因子分析：统计方法与应用问题［M］.叶华，译.上海：格致出版社.

景明利，2014.高维数据降维算法综述［J］.西安文理学院学报（自然科学版），17（4）：48-52.

雷萌，郭鹏，刘博嵩，2021.基于自适应DBSCAN算法的风电机组异常数据识别研究［J］.动力工程学报，41（10）：859-865.

李春阳，刘迪，崔蔚，等，2017.基于微服务架构的统一应用开发平台［J］.计算机系统应用，26（4）：43-48.

李晗，萧德云，2011.基于数据驱动的故障诊断方法综述［J］.控制与决策，26（1）：1-9，16.

李辉，杨超，李学伟，等，2014.风机电动变桨系统状态特征参量挖掘及异常识别［J］.中国电机工程学报，34（12）：1922-1930.

李楠，2014.多元非线性回归分析在织物染色计算机配色中的应用研究［D］.青岛：青岛大学.

李麒，袁文清，杨大雷，2019.远程智能运维——设备管理的必由之路［J］.宝钢技术（6）：13-16.

李守林，赵瑞，陈丽华，2018.基于灰色关联分析和TOPSIS的物流企业创新绩效评价［J］.工业技术经济，37（4）：12-21.

李薇，白艳萍，王鹏，等，2018.基于 CEEMD 的小波软阈值和粗糙度惩罚平滑技术的联合信号去噪方法 [J].河北工业科技，35（6）：435-440.

李向前，2014.复杂装备故障预测与健康管理关键技术研究 [D].北京：北京理工大学.

李小华.基于 PCA 的 BP 神经网络异常数据识别在信息安全中的应用 [J].微型电脑应用，2021,37（07）：192-194.

李旭成，郑小林，肖军，等，2015.三甘醇脱水装置运行常见问题分析及处理对策 [J].石油与天然气化工，44（5）：17-20，27

李亚男，2016.类 Hype Cycle 技术成熟度评估方法研究 [D].北京：中国人民解放军军事医学科学院.

李寅寅，徐晓苏，刘锡祥，2011.基于小波包阈值处理的 GPS 软件接收机跟踪结果降噪算法 [J].中国惯性技术学报，19（4）：431-435.

李玉榕，项国波，2006.一种基于马氏距离的线性判别分析分类算法 [J].计算机仿真（8）：86-88.

李志刚，2014.矿井提升机故障时间序列符号化聚类方法研究 [D].北京：中国矿业大学.

连伟烯，2016.融合 SAE 特征提取方法的医学图像检索研究 [D].广州：广东工业大学.

梁颖，方瑞明，2013.基于 SCADA 和支持向量回归的风电机组状态在线评估方法 [J].电力系统自动化，37（14）：7-12，31.

林滨，2016.K-Means 聚类的多种距离计算方法的文本实验比较 [J].福建工程学院学报，14（1）：80-85.

林海明，张文霖，2005.主成分分析与因子分析的异同和 SPSS 软件——兼与刘玉玫、卢纹岱等同志商榷 [J].统计研究（3）：65-69.

凌辉，黄凯，刘雪蕾，张媛，等，2014.强化流程管理 提高仪器设备全生命周期管理水平 [J].实验室研究与探索，33（9）：291-295，300.

刘聪，李颖晖，吴辰，等，2016.基于鲁棒自适应滑模观测器的多故障重构 [J].控制与决策，31（7）：1219-1224.

刘芬，郭躬德，2013.基于符号化聚合近似的时间序列相似性复合度量方法 [J].计算机应用，33（1）：192-198.

刘建伟，刘媛，罗雄麟，2014.玻尔兹曼机研究进展 [J].计算机研究与发展，51（1）：1-16.

刘凯.随机森林自适应特征选择和参数优化算法研究 [D].长春：长春工业大学，2018.

刘腊，2016.新疆某气田天然气脱水工艺设计研究 [D].北京：中国石油大学（北京）.

刘丽云，国蓉，牛鲁娜，等，2020.基于主元分析方法的化工过程故障诊断与识别 [J].化工自动化及仪表，47（5）：398-406，449.

刘强，秦泗钊，2016.过程工业大数据建模研究展望 [J].自动化学报，42（2）：161-171.

刘睿，余建星，孙宏才，等，2003.基于 ANP 的超级决策软件介绍及其应用 [J].系统工程理论与实践（8）：141-143.

刘帅，2019.基于实时监测数据挖掘的风电机组故障预警方法研究 [D].北京：华北电力大学（北京）.

刘英，2006.遗传算法中适应度函数的研究 [J].兰州工业高等专科学校学报（3）：1-4.

刘颖超，张纪元，1993. 梯度下降法［J］. 南京理工大学学报（自然科学版）（2）：12-16，22.

刘玉金，2014. 基于主成分分析与多元线性回归分析的灌溉水利用效率影响因素分析［D］. 呼和浩特：内蒙古农业大学.

刘玉敏，张帅，2018. 基于多主元特征与支持向量机的动态过程质量异常监控模型［J］. 计算机集成制造系统，24（3）：703-710.

鲁铁定，陶本藻，周世健，2008. 基于整体最小二乘法的线性回归建模和解法［J］. 武汉大学学报（信息科学版）（5）：504-507.

栾丽华，吉根林，2004. 决策树分类技术研究［J］. 计算机工程（9）：94-96，105.

罗帅，2017. 基于深度特征学习的电子电路故障诊断［D］. 合肥：合肥工业大学.

吕方旭，张金成，王泉，等，2014. 基于傅里叶基的自适应压缩感知重构算法［J］. 北京航空航天大学学报，40（4）：544-550.

马超，蔡猛，李建勋，2022. 贝叶斯推理模型 Index-GMVAE 在随机数据缺失填补中的应用［J］. 指挥控制与仿真，42（1）：1-6.

马海荣，程新文，2018. 一种处理非平衡数据集的优化随机森林分类方法［J］. 微电子学与计算机，35(11)：28-32.

马卫锋，张勇，李刚，等，2011. 国内外天然气脱水技术发展现状及趋势. 管道技术与设备（6）：49-51.

马雄，2017. 基于微服务架构的系统设计与开发［D］. 南京：南京邮电大学.

马友忠，孟小峰，2015. 云数据管理索引技术研究［J］. 软件学报，26（1）：145-166.

毛国君，胡殿军，谢松燕，2017. 基于分布式数据流的大数据分类模型和算法［J］. 计算机学报，40（1）：161-175.

毛立军，王用良，吴艳，等，2013. 天然气脱水新工艺新技术探讨［J］. 广东化工（8）：66-67，54.

孟令恒，2017. 自动编码器相关理论研究与应用［D］. 北京：中国矿业大学.

孟小峰，慈祥，2013. 大数据管理：概念、技术与挑战［J］. 计算机研究与发展，50（1）：146-169.

孟宗，李姗姗，2013. 基于小波改进阈值去噪和 HHT 的滚动轴承故障诊断［J］. 振动与冲击，32（14）：204-208，214.

缪元武，2013. 基于层次聚类的数据分析［D］. 合肥：安徽大学.

牛征，2006. 基于多元统计分析的火电厂控制系统故障诊断研究［D］. 保定：华北电力大学（河北）.

潘泉，于昕，程咏梅，等，2003. 信息融合理论的基本方法与进展［J］. 自动化学报（4）：599-615.

庞群利，2010. 深水油气田开发过程中的天然气水合物预测模型研究［D］. 青岛：中国石油大学（华东）.

庞新生，2012. 缺失数据插补处理方法的比较研究［J］. 统计与决策（24）：18-22.

彭海，2017. 皮尔逊相关系数应用于医学信号相关度测量［J］. 电子世界（7）：163.

平源，2012. 基于支持向量机的聚类及文本分类研究［D］. 北京：北京邮电大学.

乔美英，刘宇翔，陶慧，2019. 一种基于信息熵和 DTW 的多维时间序列相似性度量算法［J］. 中山大学学报（自然科学版），58（2）：1-8.

曲星宇，曾鹏，李俊鹏，2019. 基于 RNN-LSTM 的磨矿系统故障诊断技术［J］. 信息与控制，48（2）：

179-186.

任浩，屈剑锋，柴毅，等，2017.深度学习在故障诊断领域中的研究现状与挑战［J］.控制与决策,32（8）：1345-1358.

尚文倩，黄厚宽，刘玉玲，等，2006.文本分类中基于基尼指数的特征选择算法研究［J］.计算机研究与发展（10）：1688-1694.

申德荣，于戈，王习特，等，2013.支持大数据管理的 NoSQL 系统研究综述［J］.软件学报，24（8）：1786-1803.

沈一鸣，陈光，包向军，等，2021.基于加热机理与 XGBoost 算法的加热炉板坯能耗预测及影响因素分析［J］.冶金能源，40（5）：38-42.

生汉芳，2011.大学教材全解：工程数学线性代数［M］.同济5版.青岛：中国海洋大学出版社.

宋东辉，汪贵，祁亚玲，等，2014.土库曼斯坦某工程分子筛脱水装置优化及应用.天然气与石油（2）：36-38，4.

宋广玲，郝忠孝，2009.一种基于 CART 的决策树改进算法［J］.哈尔滨理工大学学报，14（2）：17-20.

宋淑丽，齐伟娜，2014.基于多元线性回归的农村剩余劳动力转移研究——以黑龙江省为例［J］.农业技术经济（4）：104-110.

宋伟，熊伟，董莎莎，等，2020.多元时间序列 PCA 分割及在天然气脱水装置工况识别中的应用［J］.装备环境工程，17（4）：85-89.

孙海洪，2016.微服务架构和容器技术应用［J］.金融电子化（5）：63-64.

孙健，江道灼，2004.基于牛顿法的配电网络 Zbus 潮流计算方法［J］.电网技术（15）：40-44.

孙庆国，王天祥，陈强，等，2019.高压气瓶对外输气过程的一种简化热力学模型及应用［J］.低温与超导，47（6）：30-34.

孙晓军，周宗奎，2005.探索性因子分析及其在应用中存在的主要问题［J］.心理科学（6）：162-164，170.

孙志军，薛磊，许阳明，等，2012.深度学习研究综述［J］.计算机应用研究，29（8）：2806-2810.

谭一鸣，2017.基于微服务架构的平台化服务框架的设计与实现［D］.北京：北京交通大学.

唐伟，周志华，2005.基于 Bagging 的选择性聚类集成［J］.软件学报（4）：496-502.

唐勇，王江明，陈志坚，等，2011.DTW 距离在潮汐河段桩顶应变监测异常识别中的应用［J］.工程勘察，39（7）：78-80，89.

陶飞，刘蔚然，刘检华，等，2018.数字孪生及其应用探索［J］.计算机集成制造系统，24（1）：1-18.

陶飞，刘蔚然，张萌，等，2019.数字孪生五维模型及十大领域应用［J］.计算机集成制造系统，25（1）：1-18.

田金方，陈珮珮，张小斐，2012.基于 BOOSTRAP 抽样的平行分析方法及其模拟研究［J］.统计与决策（23）：4-8.

田玉刚，2003.非线性最小二乘估计的遗传算法研究［D］.武汉：武汉大学.

涂辉，蒋洪，刘晓强，2008.超音速分离在天然气脱水中的应用.管道技术与设备（3）：1-3.

万书亭，马晓棣，陈磊，等，2020.基于振动信号短时能熵比与 DTW 的高压断路器状态评估及故障诊断 [J].高电压技术，46（12）：4249-4257.

王方旭，2018.基于 Spring Cloud 和 Docker 的微服务架构设计 [J].中国信息化（3）：53-55.

王海清，宋执环，王慧，2002.PCA 过程监测方法的故障检测行为分析 [J].化工学报（3）：297-301.

王惠文，孟洁，2007.多元线性回归的预测建模方法 [J].北京航空航天大学学报（4）：500-504.

王见，毛黎明，尹爱军，2020.结合形状特征及其上下文的多维 DTW [J].计算机工程与应用，56（22）：42-47.

王静娜，2019.基于随机森林算法的二手车估价模型研究 [D].北京：北京交通大学.

王瑞莲，刘东明，韦元亮，2010.凉风站分子筛脱水装置运行现状分析 [J].石油与天然气化工（3）：196-199，177-178.

王晓建，2014.PI 在 SCADA 系统中的推广应用 [J].湖州师范学院学报，36（2）：31-35.

王鑫，吴际，刘超，等，2018.基于 LSTM 循环神经网络的故障时间序列预测 [J].北京航空航天大学学报，44（4）：772-784.

王兴龙，郑欣，1998.长庆气田天然气膜法脱水工艺技术探讨 [J].天然气工业（5）：88-90，11.

王应聪，于跃云，胡玉生，等，2012.超音速分离技术在塔里木油田现场探索及应用 [J].中国石油和化工标准与质量，41（1）：39-47.

王增波，彭仁忠，宫兆刚，2009.B 样条曲线生成原理及实现 [J].石河子大学学报（自然科学版），27（1）：118-121.

韦升文，2011.基于 PCA 的动态人脸特征提取及其增量学习算法的研究 [D].泉州：华侨大学.

温晓丽，苏浩伟，陈欢，等，2017.基于 SpringBoot 微服务架构的城市一卡通手机充值支撑系统研究 [J].电子产品世界，24（10）：59-62.

吴信东，何进，陆汝钤，等，2016.从大数据到大知识：HACE+BigKE [J].自动化学报，42（7）：965-982.

吴重光，夏涛，张贝克，2003.基于符号定向图（SDG）深层知识模型的定性仿真 [J].系统仿真学报（10）：1351-1355.

席裕庚，李德伟，林姝，2013.模型预测控制——现状与挑战 [J].自动化学报，39（3）：222-236.

肖炳环，刘金朝，徐晓迪，等，2022.基于小波包分解的自适应同步压缩短时傅里叶变换 [J].中国科技论文，17（10）：1-7.

谢青松，2016.面向工业大数据的数据采集系统 [D].武汉：华中科技大学.

解永刚，张昆，魏超，等，2013.天然气处理厂丙烷制冷系统节能改造 [J].天然气工业（2）：99-104.

邢小茹，马小爽，田文，等，2011.实验室间比对能力验证中的两种稳健统计技术探讨 [J].中国环境监测，27（4）：4-8.

熊伟丽，郭校根，2018.一种基于多工况识别的过程在线监测方法 [J].控制与决策，33（3）：403-412.

胥辉，2003.两种生物量模型的比较 [J].西南林学院学报（2）：36-39.

徐群，2009.非线性回归分析的方法研究 [D].合肥：合肥工业大学.

宣国荣，柴佩琪，1996.基于巴氏距离的特征选择［J］.模式识别与人工智能，9（4）：324-329.

杨帆，萧德云，2005.SDG建模及其应用的进展［J］.控制理论与应用（5）：93-100.

杨嘉明，2018.基于LSTM-BP神经网络的列控车载设备故障诊断方法［D］.北京：北京交通大学.

杨建华，邓聚龙，1997.灰色系统理论中的可比性［J］.武汉化工学院学报（3）：81-83.

杨俊闯，赵超，2019.K-Means聚类算法研究综述［J］.计算机工程与应用，55（23）：7-14，63.

杨丽，吴雨茜，王俊丽，等，2018.循环神经网络研究综述［J］.计算机应用，38（S2）：1-6，26.

杨林瑶，陈思远，王晓，等，2019.数字孪生与平行系统：发展现状、对比及展望［J］.自动化学报，45（11）：2001-2031.

姚清洲，孟祥霞，张虎权，等，2013.地震趋势异常识别技术及其在碳酸盐岩缝洞型储层预测中的应用——以塔里木盆地英买2井区为例［J］.石油学报，34（1）：101-106.

尹爱军，赵磊，吴宏钢，2013.相关法动平衡校正中的3σ准则误差处理方法［J］.重庆大学学报，36（10）：22-26.

于玲，吴铁军，2004.集成学习：Boosting算法综述［J］.模式识别与人工智能，17（1）：52-59.

于泽萍，2018.面向微服务架构的容器云平台设计与实现［D］.哈尔滨：哈尔滨工业大学.

余骋远，2017.基于工业大数据的设备健康与故障分析方法研究与应用［D］.沈阳：中国科学院大学（中国科学院沈阳计算技术研究所）.

张鸿燕，耿征，2009.Levenberg-Marquardt算法的一种新解释［J］.计算机工程与应用，45（19）：5-8.

张军委，2019.基于音频融合特征的设备异常识别研究［D］.济南：山东大学.

张玲，蒋大风，2011.采用小膨胀比极限换热技术实现天然气脱水［J］.油气田地面工程，30（3）：89.

张明，王春升，2012.超音速分离管技术在海上平台的应用分析［J］.石油与天然气化工，41（1）：39-47.

张微微，2009.三甘醇脱水工艺在庆深气田适应性浅析［J］.油气田地面工程（3）：45-46.

张文，2018.基于灰色关联分析与集对分析的区域水资源承载力评价研究［D］.合肥：合肥工业大学.

张晓琳，付英姿，褚培肖，2015.杰卡德相似系数在推荐系统中的应用［J］.计算机技术与发展，25（4）：158-161，165.

张耀辉，2016.基于贝叶斯网络理论的个人信用评价模型研究［D］.合肥：安徽财经大学.

张鹰，张浩，费东虎，等，2008.PI系统SCADA数据的接入及应用案例［J］.华东电力（6）：61-64.

张喆，2020.三甘醇脱水装置运行常见问题的处理［J］.化学工程与装备（11）：70，47.

张振亚，王进，程红梅，等，2005.基于余弦相似度的文本空间索引方法研究［J］.计算机科学（9）：160-163.

张忠林，曹志宇，李元韬，2010.基于加权欧式距离的k_means算法研究［J］.郑州大学学报（工学版），31（1）：89-92.

章富成，2018.燃气设备故障诊断及寿命预测［D］.北京：北京建筑大学.

赵亮，高龙，陶剑，2019.数字孪生技术在航空产品寿命预测中的应用［J］.国防科技工业（5）：42-4.

郑凯文，杨超，2017.基于迭代决策树（GBDT）短期负荷预测研究［J］.贵州电力技术，20（2）：82-

84，90.

周虹，左洪福，苏艳，等，2012.多工况过程动态 SDG 故障诊断［J］.航空动力学报，27（11）：2539-2546.

周立，2017.SpringCloud 与 Docker 微服务架构实战［M］.北京：电子工业出版社.

周奇才，沈鹤鸿，赵炳，等，2018.基于深度学习的机械设备健康管理综述与展望［J］.现代机械（4）：19-27.

周月，2020.基于改进 SAE 和 Bi-LSTM 的滚动轴承 RUL 预测方法研究［D］.哈尔滨：哈尔滨理工大学.

朱文昌，李伟，倪广县，等，2021.基于高维随机矩阵综合特征指标的滚动轴承状态异常检测算法［J］.仪表技术与传感器（8）：82-86.

诸林，范峻铭，诸佳，等，2014.非酸性天然气含水量的公式化计算方法及其适应性分析［J］.天然气工业，34（6）：117-122.

庄雨璇，李奇，杨冰如，等，2019.基于 LSTM 的轴承故障诊断端到端方法［J］.噪声与振动控制，39（6）：187-193.

Baker R W, 2002. Future directions of membrane gas separation technology［J］. Ind. Eng. Chem. Res.（41）：1393-1411.

Baker R W, 2002. Future directions of membrane gas separation technology［J］. Ind. Eng. Chem., 41：1393-1411.

Barricelli B R, Casiraghi E, Fogli D, 2019. A survey on digital twin：definitions, characteristics, applications, and design implications.［J］. IEEE Access, 7：167653-167671.

Ben Bikson, Sal Giglia, Jibin Hao, 2003.Novel composite membranes and process for natural gas upgrading., annual progress report-2002［C］.New York：DOE.

Cha J S, Li R, Sirkar K K, 1996.Removal of water vapor and VOCs from nitrogen in a hydrophilic hollow fibergel membrane permeator［J］. Journal of Membrane Science, 119：1392-153.

Cimino C, Negri E, Fumagalli L, 2019. Review of digital twin applications in manufacturing［J］. Computers in Industry, 113：103130.

Compare M, Bellani L, Zio E, 2017. Availability model of a PHM-equipped component［J］. IEEE Transactions on Reliability, 66,（2）：487-501.

Cvandeven W J, Potreck J, 2005. Transport of water vapor and inert gas mixtures through highly selective and highly permeable polymer membranes［J］. Journal of Membrane Science, 251（1/2）：29-41.

Grieves M, Vickers J, 2017. Digital twin：mitigating unpredictable, undesirable emergent behavior in complex systems［M］//Kahlen F J, Flumerfelt S, Alves A. Transdisciplinary perspectives on complex systems［M］. Cham., Switzerland：Springer.

Hallac D, Nystrup P, Boyd S, 2019. Greedy gaussian segmentation of multivariate time series［J］. Advances in Data Analysis and Classification, 13（3）：727-751.

Iri M, Aoki K, O'shima E,et al. ,1979.An algorithm for diagnosis of system failures in the chemical process［J］

Pergamon, 3（1-4）.

Jansen J C, Buonomenna M G, 2006. Asymmetric membranes of modified poly（ether ketone）with an ultra-thinskin for gas and vapour separations［J］. Journal of Membrane Science, 272（1/2）: 188-197.

Jiang A, 2008. The solution of the operation problem in FP SO TEG dehydration and regeneration system［J］. Journal of Oil and Gas Technology, 38（2）: 585-587.

Koros W J J, Mahaja R, 2000. Pushing the limits on possibilities for large scale gas separation : which strategies［J］. Journal of Membrane Science, 175（2）: 181-196.

Králík Miroslav, Klíma Ondřej, Čuta Martin, et al. , 2021. Estimating growth in height from limited longitudinal growth data using full-curves training dataset : a comparison of two procedures of curve optimization—functional principal component analysis and SITAR［J］. Children, 8（10）.

Liao L, 2014. Discovering prognostic features using genetic programming in remaining usefull life prediction ［J］. IEEE Transactions on Industrial Electronics, 61（5）: 2464-2472.

Liu S, Cai H, Cao Y, et al. , 2011. Advance in grey incidence analysis modelling［C］. 2011 IEEE International Conference on Systems, Man, and Cybernetics : 1886-1890.

May Britt Hagg, 1998. Membranes in chemical processing : a review of applications and novel evelopments［J］. Sep. Purif. Methods, 27（1）: 51.

Metz S J, Potreck J, Mulder H V, et al., 2002. Water vapor and gas transport through a poly（butylenes terephthalate）poly（ethylene oxide）block copolymer［J］. Desalination, 148（1/3）: 303-307.

Minerva R, Lee G M, Crespi N, 2020. Digital twin in the IoT context : a survey on technical features, scenarios, and architectural models［J］. Proceedings of the IEEE, 108（10）: 1785-1824.

Mohammadi A H, Chapoy A, Tohidi B, et al. , 2004. A semiempirical approach for estimating the water content of natural gases［J］. Industrial & engineering chemistry research, 43（22）: 7137-7147.

Mueen A, Keogh E, 2016. Extracting optimal performance from dynamic time warping［C］. Proceedings of the 22nd ACM SIGKDD International Conference on Knowledge Discovery and Data Mining : 2129-2130.

Okimoto F, Betting M, Page D M, 2001. Twister Supersonic Gas Conditioning［C］. GPA Paper.

Okimoto F, Brouwer J M , 2007. Supersonic separator gains marketacceptance［J］. World Oil, 52（4）: 197-200.

Schober P, Boer C, Schwarte L A, 2018. Correlation coefficients : appropriate use and interpretation［J］. Anesthesia & Analgesia, 126（5）: 1763-1768.

Sun Dasong, 2021. Efficient text feature extraction by integrating the average linkage and K-medoids clustering［J］. Modern Physics Letters B, 35（9）: 页码不详.

Sun Y, Li S, Wang X, 2021. Bearing fault diagnosis based on EMD and improved Chebyshev distance in SDP image［J］. Measurement, 176: 109-110.

Tabe Mohammadi, 1999. A review of the applications of membrane separation technology in natural gas treatment［J］. Sep. Sci.and Tech., 34: 2095-2111.

Ten Holt G A, Reinders M J T, Hendriks E A, 2007. Multi-dimensional dynamic time warping for gesture recognition [C] //Thirteenth Annual Cnference of the Advanced School for Computing and Imaging, 300: 1.

Weng Juyang, Zhang Yilu, Hwang Weyshiuan, 2003. Candid covariance-free incremental principal component analysis [J]. IEEE Transactions on Pattern Analysis and Machine Intelligence, 25 (8): 1034-1040.

Yoshimune M, Haraya K, 2012. Effect of pore-size of carbon hollow fiber membranes on dehydration performance of olefin gases [J]. Procedia Engineering, 44: 1853-1855.

Zhang H, Ma L, Sun J, et al., 2019. Digital twin in services and industrial product service systems : review and analysis [J]. Procedia CIRP, 83: 57-60.

Zhang Z, Tang P, Duan R, 2015. Dynamic time warping under pointwise shape context [J]. Information sciences, 315: 88-101.